지금은 부재중입니다
지구를 떠났거든요

일러두기

1. 이 책은 카카오 브런치북 제4회 대상 작품인 〈초보를 위한 우주여행 가이드 북〉을 바탕으로 원고를 수정해서 출간했습니다.
2. 외래어표기법은 한글맞춤법을 따랐으나 일부 브랜드명이나 널리 알려진 명칭은 그대로 사용하였습니다.
3. 일러스트는 상상력을 자극하기 위한 것으로, 일부 디테일한 부분에서 과학적 사실과 부합되지 않을 수 있습니다.
4. 사진의 경우 저작권자를 찾지 못한 것은 저작권자가 확인되는 대로 통상의 기준에 따라 사용료를 협의하고 지불하겠습니다.

지금은 부재중입니다

...

지구를 떠났거든요

우주 홀릭 전문작가의
가상 우주여행기

심창섭(엘랑) 지음

애플북스

떠나기에 앞서

우리는 다양한 이유로 여행을 떠난다. 때론 일상에서 벗어나 여유를 갖고자, 때론 낯선 곳으로 새로운 경험을 찾아서.

여행객의 수는 해마다 늘고 있다. 행여 여행을 떠날 여건이 안되면 다른 이의 경험을 통해서나마 체험해보려는 사람도 많다. 이제 여행은 혼자만의 것이 아니다. 누군가 보고 느낀 추억은 SNS를 통해 빠르게 공유된다.

세계 곳곳, 사람들의 발길이 닿지 않은 곳이 없다. 동유럽이나 남미를 다녀온 이야기는 흔하다 못해 널려 있고, 지도에서도 찾기 어려운 오지 체험기도 서점 한 코너를 가득 채웠다. 최근엔 남극까지도 찾아가고 있다.

아무도 가보지 못한 곳은 어디일까?

그래서 나온 게 장소에 얽힌 이야기를 찾아가는 스토리 여행이다. 오래된 도시의 낡은 목조주택 하나하나에 이야기를 곁들이면 역사가 된다. 예전처럼 사진만 찍어서 올리는 게 아니라 어디에선가 찾아낸 스토리를 근사하게 글로 입힌다.

그것도 잠시였다. 더 이상 신기한 장소는 없고, 지구상의 모든 곳은 누군가 이미 스쳐간 곳에 불과하다. 이제 남은 미지의 여행지는 단 한 곳뿐이다.

우주!

인간이 우주에 나간 지 벌써 57년이나 지났다. 처음 달에 갔던 것도 반세기 전의 일이다. 21세기가 되면 해외여행 다녀오듯 우주여행을 가고 달나라에 수학여행도 갈 것처럼 기대했지만, 우주는 오히려 우리에게서 멀어지는 듯싶었다.

그런 기다림도 이제 끝나가고 있다. 드디어 일반인의 우주여행이 시작되려 한다.

이 책은 아주 가까운 미래에 가상의 '내'가 우주여행을 떠나는 이야기를 담고 있다. 그렇다고 SF처럼 허구에 불과한 것은 결코 아니다. 지금까지 우주에 다녀왔던 558명의 우주비행사가 겪었던 경험담, 그들의 실제 이야기를 바탕으로 살짝 각색했을 뿐이다. 지금으로부터 10여 년 뒤, 상공 400km 즈음에서 빠르게 궤도를 따라 날고 있을 우주호텔에서 한 달간 머물면서 겪을 법한 일들이다.

여기에는 은빛 날개 반짝이는 멋진 우주선이나, 척박한 화성에서 키운 먹음직스러운 감자 따위 등장하지 않는다. 달 위를 걷지도 않고, 운석과 충돌해서 죽음의 위기를 겪지도 않는다. 그런 것은 우주비행사나 배우들의 몫으로 남겨두자.

길거리에서 서로 마주치는 우리가 우주에 가게 된다면 어떻게 될까? 사실 우주는 그리 매력적인 곳이 아닐지 모른다. 굳이 아름답거나 멋진 곳으로 꾸며내지 않고 진솔한 여행자의 시각으로 보면 실망하는 이도 많을지 모르지만, 그 와중에 또 다른 의미를 깨닫는 이도 있을 것이다.

'나'는 아무도 경험하지 못한 곳에 가고자 하는 꿈을 가졌던 평범한 사람이다. 이제 당신과 함께 우주여행을 떠나려 한다. 저 하늘 위에 빛나는 별바다 속으로.

어느 유쾌한 여행자 모임에 함께할 기회가 생겼다.

그들은 영혼의 고향이라는 인도 바라나시를 마치 옆 동네 마실 다녀온 것처럼 자연스레 이야기했고, 그곳 어떤 식당에 무슨 메뉴가 있는지도 시시콜콜 알고 있었다. 나는 외딴 행성에 온 느낌이었다. 가보지 못한 곳 이야기는 차라리 들어줄 만했다. 큰맘 먹고 떠났던 프라하 여행담을 꺼냈더니 대충 이런 식이었다.

"나도 이번에 프라하 다녀왔는데!"
"와, 너 또 갔니? 거기 맥주 맛 끝내주지?"
"그래도 난 트램이 제일 기억에 남던데, 너도 타봤지?"

문득 남들이 가지 않은 곳에 가보고 싶어졌다. 아니, 진짜 간절히 가고 싶어졌다. 인터넷에서 지도를 클릭하니 먼저 아프리카가 보였다. 여긴 풍토병도 무섭고, 야생동물은 왠지 부담스럽다. 이미 다녀온 사람도 여럿 있으니까 다음 기회에.

'북극의 신비한 오로라라도 보러 갈까?'

검색창을 누르자 '오로라 관광 땡처리'가 떡하니 떠올랐다. 그 이야기를 하니 너도나도 한마디씩 보탰다.

"캐나다 가서 오로라 봤는데요, 옐로나이프라고….”
"그곳도 좋지만 오로라는 역시 핀란드가 최고죠.”
"라플란드요? 에이, 그린란드엔 댈 게 아니거든요.”

심지어 그 모든 곳을 순례한 사람도 있었다. 오로라 여행은 미련 없이 마음을 접었다. 그렇다면 남극이 남았다.

'그래, 남극이라면 괜찮겠지?'

웬걸. 남극도 다녀온 사람이 제법 있었다.
지도를 샅샅이 뒤져도 남아난 곳을 찾기가 가당키나 할까. 몸에 힘이 빠졌다. 가지도 못할 거면서 쓸데없는 걱정이라니.

씁쓸한 몽상을 접고 현실로 돌아가려 했다. 그때 새로 생긴 호텔 체험 이벤트가 눈에 띄었다.

'새로운 여행! 우주호텔에서의 한 달.'

신기한 마음에 클릭했고, 의외로 간단한 양식의 지원서를 썼다. 신청자가 많을 거라는 생각에 잊고 지낸 지 얼마 후, 알림음이 들려왔다.

"축하합니다. 우주여행 이벤트에 당첨되었습니다."

처음에는 그저 어리둥절했다. 커피를 두 잔쯤 마시면서 이어지는 내용을 읽고서야 실감이 났다.

우주에 간다. 아무나 못 가는 우주여행을 간다. 알은 체 한마디 못할 친구들을 생각하니 피식 웃음이 났다.

🪐 우주호텔 여행 간략 설명 🪐

- **접수:** 이벤트 대행사를 통해 본인 확인 후 간단한 건강검진과 설문 진행
- **출발 한 달 전:** 본격적인 건강검진과 적격 여부 최종 결정
- **출발 두 주 전:** 여행자 센터 집합 후 사전 우주 적응 훈련 시작

우주호텔은 우주정거장 높이와 비슷한 지상 400km에 위치한다. 최대 승객 7명(승무원 1~2명, 여행자 5~6명)을 태운 우주선이 일주일 간격으로 우주호텔에 간다. 우주호텔에서 수용 가능한 최대 인원은 30명.

남위 50도~북위 50도를 오가며 빠른 속도로 하루에 15.6회 지구를 도는 우주호텔 전망창에서는 지구가 한눈에 들어오지 않는다. 하지만 석양을 하루에 열여섯 번가량 볼 수는 있다.

지구 환경과는 전혀 다른 우주호텔에서 사람들은 어떤 식으로 여행을 즐길까? 일단 기본적인 하루 일과는 다음과 같다.

🪐 일과표 🪐

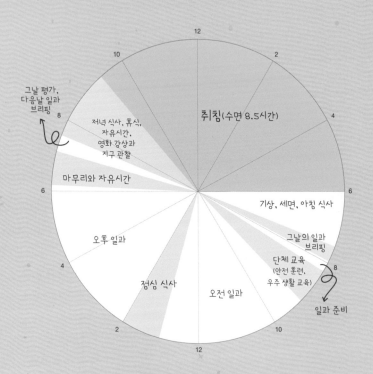

- 매일 2시간씩 운동(오전/오후로 나눠서 일과에 포함)
- 주 5일 일과, 토/일은 자유시간(2시간 운동은 필수)
- 우주유영과 개인 실험 등 각자 사전에 제출했던 계획표의 활동

🪐 우주에서의 활동 계획표 🪐

1주차	무중력 적응 훈련, 추가 취미 활동 선택

2주차	단체 활동(우주 스포츠, 협업 트레이닝)

3주차	개인 취미 활동

4주차	체험 프로그램(과학 실험, 우주 유영 등 선택)

차례

1주차

2주차

3주차

4주차

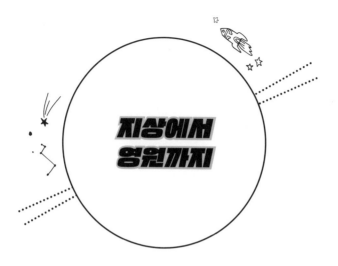

지상에서
영원까지

나는 미지의 세계로 떠나는 하얀 배에 올랐고, 찢어질 듯한 천둥
소리와 함께 하늘로 솟구쳤다. 창가에는 익숙한 연하늘색이 차츰
사파이어 빛으로 물들더니 그 너머로 모든 색깔이 씻겨나간 듯 어
둠이 펼쳐졌다.

"이제 준비가 되었소."
마침내 조나단 리빙스턴 시걸은 별처럼 빛나는 두 마리의 갈매기와
함께 날아올라 아주 캄캄한 하늘로 사라져갔다.

리처드 바크의 소설《갈매기의 꿈》에 나오는 이 구절은 정말 적절한 표현이었다. 제일 먼저 나를 반긴 것은 검푸른 하늘이었으니까.

빛나는 갈매기들과 함께 지상에서 구름 위까지 다다랐을 때, 그는 자신의 몸도 그들처럼 밝게 빛나고 있음을 보았다.

우뚝 솟은 벼랑에서 날아올라 짙은 해무를 뚫고 구름 위까지, 거기서 다시 더 높은 하늘나라에 이르렀다고 여긴 조나단. 하지만 머나면 안식처라 믿었던 곳조차 떠나온 곳과 이어진 하늘이었다.

우리 우주선도 어둠을 뚫고 오르자 빛이 났다.
굉음이 잦아들면서, 주변이 서서히 밝아지더니 천국에 온 것처럼 눈을 뜰 수 없었다. 어디선가 스며든 햇빛에 손을 뻗으려 했지만 빛은 이내 산산이 부서져 흩어졌다. 햇살이 지구에 반사되어 우리를 비추고 있었다. 한여름 땡볕보다 더 환하게.

사람들은 흔히 우주를 다른 세계라고 생각한다. 그런데 누군가 이런 말을 했다.

"우주는 지금 우리가 서 있는 이곳부터 펼쳐져 있다."

처음엔 갸웃했던 말이 이제 이해가 됐다. 우리가 떠나온 지상도 우주에 속한다. 다만 이곳이 조금 높을 뿐이다. 작은 창밖은 수평선과 하늘이 교차하면서 온통 칠흑 같은 어둠뿐이다가, 차츰 엷은 대기를 가르며 별빛이 펼쳐졌다. 까마득한 저 아래에는 구름이 방울솜처럼 떠 있었다.

우주에서 보는 지구의 모습에 사람들은 모두 감탄했으나, 나는 적잖이 실망했다. 꽤 높은 곳임에도 둥근 지구를 볼 수 없지 않은가. 내 기대와는 사뭇 달랐다.

'얼마나 멀리 가야 지구를 한눈에 볼 수 있을까?'

저 멀리 지구 표면은 봉긋했지만, 그것만으로 지구가 둥글다고 말하기에는 섣부르다.

'너의 진짜 모습을 보고 싶어!'

그러나 지구는 말이 없었다. 오히려 부끄러운 듯 어둠 속으로 모습을 숨겼다.

차츰 하늘과 땅이 맞닿은 경계선에 희미한 실루엣이 드리워졌다. 빛이 노을 너머로 사라질 무렵, 살포시 두르고 있던 얇은 베일이 벗겨졌다. 물방울처럼 투명한 막이 지구를 감쌌고, 그 너머에는 무수히 많은 별이 떠올랐다.

물 밖으로 나온 물고기처럼

지구를 몇 바퀴 돌고서야 저 멀리 작은 점이 보이더니 점차 십자
모양의 우주호텔이 윤곽을 드러냈다. 가벼운 진동과 함께 도착했
음을 알리는 방송이 흘러나왔다.

호텔에 발 딛기 전부터 속이 메슥거렸다. 소중한 내 달팽이관이
제일 먼저 비명을 질러댔고, 애먼 위장까지 울렁거렸다. 결국엔 몸
이 오싹해지며 경련이 일어났다.

나는 참다못해 멀미 봉투를 낚아챘다. 혹시나 해서 끼니도 걸렀건
만, 헛구역질이 심한 탓에 얼굴이 온통 눈물, 콧물 범벅이 되었다.

'여행 오자마자 이게 무슨 꼴이람?'

여기는 지상에서 그리 먼 곳이 아니다. 머리 위로 서울에서 부산
까지의 거리쯤?

몇 시간 전까지 따뜻한 5월의 햇살 아래 서 있었으나, 이곳은 그
런 부드러움과 분위기부터 달랐다. 30cm 두께의 벽 너머에는 '아
무것도 없음'이 버티고 있으니 꼼짝없이 갇힌 셈이다. 앞으로 한
달을 잘 버텨낼 수 있을까?

호텔에 들어서자 눈앞에 펼쳐진 광경은 어느 정도 예상했지만
상당히 낯설고 당황스러웠다. 같이 온 일행 1명이 내 머리 위로 둥
둥 떠올라 허우적거렸던 것이다.

'어, 몸이 왜 이래? 내가 거꾸로야, 저 사람이 거꾸로야?'

벽에 붙은 시계를 발견하고서야 위아래를 분간할 수 있었다.
머쓱해진 나는 조용히 몸을 돌려 바로 섰다. 얼른 주위를 살펴보
았다. 몸이 자꾸 둥둥 떠다니는 탓에 뭐라도 잡을 게 필요했다.

중력이 없으니 여행가방도 깃털처럼 가볍게 느껴졌다. 심지어

내 몸도…. 갑자기 체중계에 올라가고픈 마음이 간절해졌다.

간단한 체크인을 기다리며 함께 온 일행을 죽 돌아보니 무중력 때문인지 다들 얼굴이 찐빵같이 팅팅 부었고, 철봉에 매달린 듯 핏발이 솟구쳐 불그스레했다. 머리칼은 물속에 떠다니듯 출렁였다. 그 상태 그대로 일행들의 손을 잡고 단체사진까지 찍었다.

여기서는 멋지게 헤엄치며 우아한 자태를 뽐낼 생각은 접어야겠다. 물 밖에 나온 물고기가 펄떡이듯, 중력을 처음 벗어나면 허우적거리는 게 당연하니까.

오로라 다리를
건너간 멍멍이

나는 알콩과 달콩이라는 두 마리 반려동물과 함께 살고 있다.

알콩이는 길냥이였다. 어느 날 골목에서 그르렁거리며 날 찝쩍이더니 집까지 따라와서 버틴 지 벌써 10년. 이제는 나이 탓인지 꼭 노인네처럼 뭐든 귀찮아한다. 종일 꼼짝 안 하면서 식탐만 대단하니 나날이 찌는 살은 어쩔 거야?

달콩이는 파릇파릇한 세 살배기 멍멍이다. 고양이 집사 노릇이 지겨워 정감 넘치는 반려견을 키우고 싶던 차에, 이웃집에서 몰티

즈를 분양한다기에 냉큼 입양 받았다.

요즘 비행기는 반려동물을 기내에 태울 수 있다. 체중만 적당하다면 큰 어려움 없이 동반 여행이 가능하다.

우주여행도 마찬가지다. 원한다면 반려동물, 애완동물을 데려올 수 있다. 개, 고양이, 기니피그, 도마뱀, 심지어 어항 속의 금붕어까지….

나도 이벤트 회사의 배려로 달콩이와 함께 올 수 있었다. 알콩이는 5kg 체중 제한을 가뿐하게 넘겨서 탈락했다. 물론 데려오고 싶어도 성격상 순순히 따라왔을지는 의문이지만.

우주에 처음 온 동물은 무엇일까?

공식적으로 처음 왔던 녀석은 '라이카'라는 암캐였다. 사실은 그보다 먼저 초파리들이 왔었지만 말이다. 아무튼 라이카를 최초의 우주 탐험견이라 치고, 영광스럽고도 불행했던 그 아이의 일생에 대해 잠깐 이야기해보자.

라이카는 길가를 배회하며 쓰레기를 뒤지던 개였다.

과학자들은 굶주림과 극한의 환경에서 적응력이 좋다는 점에 착안해 떠돌이 유기견을 여러 마리 붙잡았는데, 그중에서 성격이 온순한 라이카를 우주견으로 뽑았다. 그런데 애당초 귀환 계획은 없었다. 보내긴 하더라도 되돌아오게 할 기술이 부족했기 때문이다. 라이카는 여행 내내 잘 지냈고, 우주에서 며칠 뒤에 안락사했다고 발표됐다.

정말로 그랬을까?

실제로는 극심한 스트레스와 뜨거운 열기에 시달리다가 우주로 나간 지 다섯 시간여 만에 고통스럽게 숨을 거뒀다고 한다. 유해가 다시 대기권으로 들어서며 불타버린 것은 반년 뒤였다.

반려동물이 죽으면 흔히 '무지개다리를 건너갔다'라고 표현한다. 무지개가 꼭 지상과 하늘을 잇는 아치형 다리처럼 보이니까. 하지만 무지개는 비행기에서 보면 커다란 원반 모양이다. 그것조차 이곳 우주에서는 전혀 보이질 않는다.

라이카는 과연 무지개다리를 건너갔을까?

북유럽 신화에 이런 이야기가 나온다.

전쟁의 여신 발키리가 전쟁터에서 죽은 전사들을 천국으로 인도할 때, 갑옷에 반사된 빛이 오로라가 되어 하늘을 물들인다.

무지개는 희망을 뜻하는 단어다. 그보다 오로라가 죽음에 더 잘 어울리지 않을까. 게다가 오로라는 우주에서도 볼 수 있다. 비좁은 곳에 꼼짝없이 묶인 채, 공포 속에서 헉헉거리며 몸부림쳤을 라이카 눈에는 저 멀리서 손짓하는 빛의 물결이 보였을지도 모른다.

'내 손등을 핥고 있는 달콩, 너는 아느냐? 처음 우주에 왔던 네 선배는 오로라 다리를 건너갔단다.'

벨크로는
외계인의 선물

이제 어디가 바닥인지 알지만, 여전히 위아래 맞춰서 다니기가 쉽지 않다. 달콩이를 강아지 슬링백에 넣어 함께 배정 받은 개인 부스에서 나왔다. 낯선 환경에 놀랐던 녀석이 따뜻한 체온에 조금 안심한 기색이다.

드디어 지구가 바라보이는 커다란 전망창 앞에 섰다. 아니, 서 있고 싶었다. 달콩이를 붙잡고 있느라 몸을 가누기가 힘들었다. 발가락에 힘을 꼭 줘봤지만 버둥거리며 몸이 떠올랐다. 곡예하듯 허공에서 한 바퀴 빙그르르 돌려 발을 디뎠다. 하지만 힘을 너무 줬는지 다시 몸이 솟구쳤다.

어딘가 가만히 서 있을 수는 없을까?
주변을 둘러보니 나와 같이 온 일행은 다들 우왕좌왕하는데, 기존에 있던 여행자들은 딱 달라붙은 것처럼 미동조차 없었다!
궁금증을 참다못해 그들 중 1명에게 다가갔다. 하지만 별다른 구석이 없었다. 머쓱해진 나머지 딴청 피우던 찰나였다.

"찌익!"

남자가 갑자기 몸을 돌려 허공으로 치솟았다. 저쪽으로 날아가는 그 사람의 발바닥이 눈에 들어왔다.

'양말에 붙어 있는 저건 뭘까?'

유심히 보니 여기저기 벨크로, 흔히 말해서 찍찍이로 도배되어 있었다. 바닥뿐만 아니라 벽도 온통 벨크로 천지였다.

문득 미드 〈스타트렉 엔터프라이즈〉에 나왔던 에피소드 한 가지가 떠올랐다.

뾰족 귀의 벌컨인 탐험가들이 과거의 지구에 불시착했다. 그들은 정체를 숨기고 지구인처럼 살아갔는데 생계를 해결하기 위해 벨크로를 만들어서 팔았다. 찍찍이는 벌컨인이 지구인에게 건네준 선물이려나?

개인 부스로 돌아와서 비치된 생필품 꾸러미를 열었다. 멀미약, 휴지, 치약, 샴푸, 그리고 커다란 밴드…. 자세히 보니 찍찍이 밴드였다. 그러고 보니 지상에서 교육받을 때 찍찍이를 충분히 이용하라는 이야기를 들은 것 같다.

밴드를 발바닥에 붙이고 벽에 발을 내디뎠다. 아직은 어색했지만 접착력 덕분에 제자리에 멈춰 설 수 있었고, 힘을 살짝 주면 쉽게 떨어지니 정말 신통했다.

다시 밖으로 나와서 이곳저곳 둘러봤더니 벽에 '걸린' 물건들은 '붙은' 것이었다. 휴지통도, 책장 위의 책도 붙어 있었다.

그제야 깨달았다. 우주인에게 벨크로는 축복이다.

실내 온도 23도, 오늘도 맑음

패션과 날씨는 밀접한 연관이 있다. 싸늘한 가을바람에는 우수에 찬 느낌의 트렌치코트가 어울리고, 뜨거운 햇살 아래에선 알록달록한 하와이안 알로하셔츠가 제격인 것처럼.

이곳은 바람 한 점 없고, 기온도 사시사철 똑같다. 호텔 바깥쪽은 영상 120도에서 영하 150도가량을 오르내리지만, 실내 온도는 항상 23도를 유지했다.

떠나올 때 입었던 투박한 유니폼이 슬슬 지겨워졌다. 나름 편한 옷이지만 개성이라곤 하나도 없으니까. 여행가방을 열고 챙겨온 옷들을 하나둘 꺼내 걸쳐봤다.

생각보다 몸이 많이 부었는지 타이트한 윗옷은 너무 꽉 조여서 입기조차 어려웠고, 옷자락은 처짐이 없어서 넉넉한 부분은 어김없이 펄럭였다.

하의는 사정이 달랐다. 튼실한 허벅지에 꽉 끼어야 했을 슬림핏 청바지가 조금 헐렁해진 느낌이 들었다. 내 몸에 뭔가 변화가 일어난 것이 분명했다.

그러는 사이에 옷들은 허공을 떠다녔고, 결국에는 갈아입기를 포기했다.

함께 온 일행도 나와 같은 처지였나 보다. 개인 부스를 나서니 다들 아직 유니폼 차림이었다. 누군가의 조언이 절실했다.

우리는 앞서 온 여행자들을 살펴봤다. 대부분 티셔츠에 바지 차림, 쾌적한 기온 때문인지 가끔 반소매와 반바지도 눈에 띄었다. 물론 이런 곳에서 치마나 원피스는 금물이다.

그때 승무원 한 사람이 미끄러지듯 내 앞을 지나갔다.

찰랑거리는 머릿결은 산들바람에 휘날리는 갈색 실크 같았고, 몸에 쫙 달라붙는 얇은 티셔츠는 탄탄한 몸매를 그대로 내비쳤다.

이곳에선 몸 그 자체가 패션이었다. 육체의 아름다움을 굳이 감출 필요 없다.

나는 짐꾸러미를 다시 풀어헤쳐서 잠잘 때나 입으려던 신축성 좋은 반팔 티를 찾아냈다. 윗옷을 바지춤에 주섬주섬 끼워넣고 나서려니 볼록 튀어나온 배가 거슬렸다. 일단은 배에 힘을 줘서 해결하자!

'팅팅 부은 얼굴도 어떻게 했으면 좋겠어.'

첫 셀카를 찍으면서 그런 생각을 했다.

평당 1조 원
이곳으로
말할 것 같으면

멀미가 가시질 않는다.

잔뜩 들떠서 우주여행에 나섰는데 호텔에 오자마자 이틀째 시체놀이다. 심지어 달콩이도 마찬가지. 개도 우주에서 멀미를 한다는 게 신기하면서 미안했다. 우리는 일정이고 뭐고 다 팽개치고 축 늘어져서 서로 부둥켜안고 버텼다.

허송세월하기엔 시간이 아까워서 뒹굴뒹굴하며 이것저것 자료만 뒤적거렸다. 호텔에는 다양한 책자와 영상 자료가 많았으니까.

'이 호텔은 짓는 데 돈이 얼마쯤 들었을까?'

유서 깊은 명소에는 그럴싸한 연표가 있듯, 이곳도 꽤 다사다난한 역사를 자랑하고 있었다.

🪐 1960년대

미국의 아폴로 우주선이 달에 먼저 착륙하자, 소련은 심한 패배감에 좌절을 겪었다. 그들은 다른 방법으로라도 미국을 이기고 싶어 '우주에서 오랫동안 체류하는 방법'을 연구했다. 이윽고 자신들의 우주선이 너무나 비좁다는 사실을 깨달았다.

🪐 1970~80년대

소련은 고심 끝에 우주정거장을 띄웠다. 처음에는 10평짜리 원룸 크기의 원통 하나를 올렸는데, 차츰 여러 개를 이어 붙이기 시작했다. 그것을 '미르 우주정거장'이라 불렀다.

🪐 1990년대

미르의 건설 도중 소련이 망했다. 하늘에는 짓다 만 골조가 흉물스레 떠다녔고, 보다 못한 다른 나라들이 도와줘서 겨우 완성할 수 있었다. 허망한 우주 부동산 개발이었다. 그 뒤로 국제우주정거장이 만들어지면서 미르는 사라졌다.

톰 행크스가 출연한 영화 〈터미널〉이 생각났다. 주인공이 뉴욕에 도착할 무렵에 나라가 없어져서 졸지에 오도 가도 못하고 공항에 갇혀 사는 이야기다.

이와 비슷한 일이 1990년대 우주에서도 일어났다. 미르에 남아 있던 소련의 마지막 우주비행사는 나라가 사라지자 몇 달간 지구로 돌아오지 못했다. 결국, 독일의 도움을 받아 새로 생긴 러시아로 돌아왔다. 우주에서 국적이 뒤바뀐 희귀한 사례다.

우주호텔은 예전 우주정거장들의 먼 후손인 셈이다. 안내서에 따르면 그랬다.

소련이 개발했던 장치가 아직 버젓이 쓰인다고 한다. 궁금했던 비용 이야기도 슬쩍 살펴봤다. 호텔을 지은 비용은 안 나와 있지만, 2011년에 완공된 국제우주정거장의 비용은 자세히 적혀 있었다. 실내 면적으로 따지면 122평짜리 우주정거장을 짓는 데 천억 유로, 우리 돈으로 대충 환산하니까… 평당 1조 원!

강남 아파트 따윈 댈 게 아니다. 아무리 건축비가 내려갔어도 이 호텔은 분명히 세상에서 가장 비싼 부동산일 것이다.

"달콩아, 우리 지금 세상에서 젤 비싼 곳에 투숙한 거야. 그러니까 자꾸 벽 긁지 마. 누가 보면 어떡해?"

잃어버린
입맛을 찾아서

이번 여행은 한 달짜리다. 우주여행은 보통 보름에서 한 달 정도 체류하지만, 최대 두 달까지 투숙할 수 있다. 오가는 교통비가 비싸서 차라리 숙박비는 가볍게 여겨진다.

그런데 왜 두 달 넘게 머물지는 않는 걸까? 우주비행사들은 1년 넘게도 있었는데 말이다. 아마도 오래 있어봤자 지겹기 때문이 아닐까 했지만 이유는 전혀 달랐다.

여행자들은 각자의 취향대로 식사 메뉴를 정할 수 있다. 입맛에 맞는 음식으로 80여 가지를 골라서 먹는다. 반복되는 단조로운 식사로 식욕을 떨어뜨리지 않으려는 나름의 노력이랄까.

그러나…

우주에 두 달 이상 머물면 식욕을 잃게 된다고 한다. 이유는 정확히 모르지만, 아무리 다양한 메뉴로 식단을 바꿔도 소용없단다.

혹시 무중력에서의 소화장애? 아니면 음식 맛이 별로라서?

'그럼 화성까지 반년 넘게 걸려서 가는 사람은 어떡해?'

개별 식단이 짜여 있어도 식사는 팀별로 같은 시간에 함께 먹는다. 네 것 내 것 가리지 않고 다양한 메뉴를 나누며 수다를 떠는 게 입맛 없을 때 즐겁게 식사하는 유일한 길 아닐까?

난 며칠 동안 멀미로 제대로 먹지 못했다. 함께 온 일행 대부분이 마찬가지였다. 우리의 식사시간은 침울했고, 다들 거북한 표정으로 먹는 둥 마는 둥 했다.

처음 와서는 멀미 때문에, 나중에는 식욕 부진으로, 이래저래 입맛은 우리를 괴롭힌다.

양말은
소중하니까

빨래는 번거로운 일이다. 한 가족이 매일 쏟아내는 빨랫감을 생각하면, 그걸 또 손빨래해야 한다면? 생각만 해도 '어휴!' 한숨부터 나온다.

요즘이야 세탁기와 건조기가 있지만, 그런 게 없던 시절은 어땠을까?

한때는 마을 빨래터라는 곳이 있었다. 아기를 등에 업고 빨랫방망이 두드리며 수다 떨던 동네 아낙들은 밥때가 다가오면 서둘러

빨랫감을 챙겨 집으로 돌아갔다.

　빨래와 같은 가사노동의 특징은 휴일이 없다는 점이다. 매일같이, 심지어 겨울에는 얼음물에 손을 담가가며 빨래하던 우리네 할머니들의 삶은 참 고단했을 것 같다.

　엄마 세대에 이르러서야 세탁기가 등장했으니, 할머니의 할머니, 또 그 위의 할머니까지 합치면 도대체 얼마나 오랫동안 빨래를 두들겨왔던 걸까?

　장하준 교수는 《그들이 말하지 않는 23가지》에서 말했다. '세탁기'는 위대한 발명품이라고.

　우리가 아는 역사의 대부분에 걸쳐서 여성이 가사를 도맡았고, 그 노동의 중심에는 빨래와 요리, 육아가 있었다. 그런데 세탁기의 발명으로 여성이 빨래에서 해방되었고, 덕분에 사회 활동에 참여할 여유를 얻었다. 정말 세탁기가 없었다면 어땠을까? 아직도 많은 여성들이 집을 벗어나지 못했으리라.

　뜬금없이 웬 세탁기 타령이냐고 하겠지만, 지금 내 눈앞에는 빨랫감이 쌓여 있다. 세상에서 가장 값비싼 호텔에서 말이다.

여기 올 때 일인당 허용된 수화물은 달랑 10kg, 작은 여행가방 한 개가 전부였다. 지금 그 가방을 열어젖힌 참이다. 티셔츠, 쫄바지, 양말까지, 우습게도 가방을 채운 대부분이 옷 종류다.

여행 안내책자에 분명히 이렇게 적혀 있었다.

> 호텔에서 입을 유니폼, 속옷, 수건, 양말은 기본 제공되지만, 각자 개인 옷도 챙겨올 수 있다. 특히 여분의 양말을 가져오면 좋다.

무게를 맞추느라 짐을 꾸리면서 꽤나 애먹었다. 다른 휴대품까지 챙기려면 옷가지는 조금이라도 줄여야 했지만, 혹시나 해서 양말을 무려 열 켤레나 쑤셔 넣었고, 속옷도 두어 벌 가져왔다.

이렇게 된 건 다름 아닌 '세탁 금지'라는 규정 때문이다. 인류의 절반에 해당하는 사람들의 삶을 뒤바꾼 세탁기, 그런 위대한 발명품이 우주에는 없다. 그 흔한 세탁기가 왜?

이유는 아주 간단했다.

투숙객은 각자 하루에 $4l$의 물을 쓸 수 있는 쿠폰을 받는다. 하루에 마실 물을 빼면 나머지는 잘해야 $2l$ 남짓(큰 생수병 한 통쯤?).

빨래할 물이 없다.

물을 좀 적게 마시면 되지 않냐고? 어림도 없다! 이곳 음식은 죄다 건조식품이라서 먹기 전에 물을 부어야 한다. 게다가 세면, 양치질도 해야 하고, 몸도 닦아야 한다.

처음 우주에 나왔던 사람들은 옷을 빨아 입다가 이내 세탁을 포기했다고 한다.

빨래는 그래서 사라졌다.

여기는 매연이나 황사가 없어서 깨끗할 것 같지만 은근히 먼지가 많다. 지긋지긋한 먼지는 누군가의 옷에서, 몸에서 계속 떨어져 구석구석 빈틈없이 들러붙는다. 심지어 달콩이의 털까지도.

그래서일까? 새 양말을 신으면 금세 시꺼메졌다. 그제야 여분의 양말을 챙겨오라는 이유가 이해됐다.

이곳에서 양말은 매우 특별하다. 발에 땀 찰 일은 없지만, "안녕하세요!" 하면서 발부터 들이미는 경우가 종종 있다. 또 까딱 잘못하단 누군가의 머리를 발로 치고선 "어? 언제 거기 계셨어요?"라며 무안해할지 모른다.

게다가 위아래가 없이 떠다니니 다른 사람의 발바닥도 자주 보게 된다. 하필 구멍 난 양말이나 거뭇거뭇한 양말이 보인다면? 사소한 것 같지만 그런 게 의외로 눈에 잘 띄는 법이다.

그럴 때를 대비해서 항상 양말은 깨끗이 차려 신어야 한다.

양말 같은 빨랫감은 우주를 다녀온 물건이라는 기념품도 되지 않으니 차라리 버리는 게 낫다. 호텔에서 나온 폐기물은 돌아가는 우주선에 매달았다가 모두 대기권에서 불태운다.

내 양말을 태운 재가 누군가의 머리 위로 떨어지진 않겠지?

우주 스타일의 완성

우주호텔 안은 물이 귀한 탓에 공기 중에서 물을 뽑아내려고 하루 종일 제습기 돌아가는 소리가 끊임없이 윙윙거렸다. 그래도 살짝 건조한 편이라 수시로 보습제를 듬뿍 발라야 했다.

안 그러면 가뭄에 거북이 등딱지 갈라지듯 각질이 벗겨질 수 있으니까.

미스트를 뿌리면 편하겠는데 '스프레이 제품 사용 불가'다. 미스트를 뿌렸다가는 작은 물안개가 되어 어디론가 떠다니다가 복잡한 기계를 망가트릴지 모른다.

화장할 때도 주의해야 한다. 분가루가 날리거나, 물이 많이 필요한 종류는 쓰기 어렵다. 이를테면 파우더나 클렌징폼 같은…. 화장품은 허가된 종류만 가져올 수 있다. 사실 이곳에서 일하는 사람은 화장 따윈 하지 않는다.

'물이 부족한데 어떻게 세안을 하지?'

그런 걱정을 안 해도 된다. 물 대신 티슈가 널려 있으니. 세안 티슈부터 시작해서 온갖 종류의 티슈가 다 있다. 매일 사용되는 티슈 양만 해도 엄청나다.

클렌징의 마무리는 물로 씻어내는 것이 최고지만, 사정이 이렇다 보니 티슈에 만족해야 한다. 끈적거리는 젤, 크림 형태의 클렌징도 나쁘지 않은 선택이다.

세안까지는 그럭저럭 버틸 만하다. 하지만 머리 손질은 여간 까다로운 일이 아니다. 만약 긴 머리라면 함부로 풀어헤쳤다간 걷잡을 수 없게 된다. 솜사탕처럼 사방으로 부풀어 오르니까.

파마나 고데도 별 소용 없다. 고데기로 아무리 말아도 자연스러운 웨이브가 살아나지 않는다. 생머리도 가만두면 무중력 웨이브가 되는데 굳이 손댈 필요가 없다.

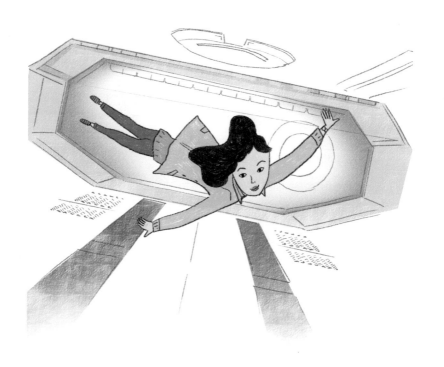

예전에 무중력 화보 촬영을 했던 유명 모델의 모습이 떠올랐다. 수영복만 입었는데 머리가 사방으로 한껏 뻗친 모습이 인상적이었다.

그렇다면 우주호텔에 잘 어울리는 긴 머리 스타일은 뭘까?

아무래도 쪽머리와 말총머리가 적당할 듯싶다. 아니면 머리띠나 핀으로 고정하던지, 묶는 방법이 최선이다.

단발머리는 그냥 놔두는 게 낫다. 부풀어 올라도 어느 정도 자연스럽게 보이니까.

헤어드라이어는 사용 금지 품목이다. 전기가 귀해서 전열기 사용이 제한되기 때문이다. 젖은 머리는 도리 없이 자연 건조시켜야 한다. 헤어젤을 덕지덕지 발랐다고? 씻어내는 게 큰일이다.

이상한 나라의 달콩이

우주호텔은 정말 좁다.

길쭉한 구조물 두 개를 십자로 겹쳐놨는데, 각 끝에서 끝까지 30m 길이에 폭이 고작 7m에 불과하다. 30명 남짓한 여행자와 승무원이 머물기에는 빠듯하다.

나의 아침 일과는 호텔 곳곳을 둘러보는 것부터 시작된다. 객실을 지나 식당, 체력 단련장, 로비까지⋯. 우주호텔은 원통형이라 가운데 통로가 있고, 둥글게 펼쳐진 공간에 여러 시설물이 늘어서 있다. 나는 그곳을 매일 서너 차례씩 산책했다. 혹시 뭔가 새로운 것이 있는지 살피면서. 그 짓도 일주일쯤 지나자 바로 싫증났지만.

건축가가 우주호텔에 오면 혀를 찰지 모른다. 일직선 통로를 통해서 어느 곳이든 빠르게 이동할 수 있지만, 좁아 보이는 데에 한몫했을 것이다. 넓게 느끼도록 하려면 내부를 미로처럼 복잡하게 만들어야 했다. 그러면 계속 새로운 곳이 나타나는 느낌이 드니까.

가끔은 우주복을 입고 바깥 산책을 나가고픈 충동이 일었다. 하지만 창밖에 펼쳐진 진공의 세계를 보면 그럴 마음이 싹 사라졌다.

나는 또다시 같은 통로만 맴돌고 있다.

달콩이는 어느덧 슬링백을 벗어나서 꽤 근사하게 허공으로 날아올랐다. 《이상한 나라의 앨리스》에 나오는 '체셔 고양이'처럼 아무 곳에서나 불쑥 나타나곤 했다.

사라질 때도 마찬가지다. 소리 없이 허우적거리면서 슬그머니 없어진다. 찾아보면 내 머리 위에서, 발밑에서, 때로는 등 뒤에서 나타난다. 한 번은 귓가에서 "헥헥" 숨소리가 들려 뒤돌아봤더니 거꾸로 매달린 녀석이 반갑게 내 얼굴을 핥았다.

녀석은 이곳이 꽤 맘에 들었나 보다. 발밑에서 안아달라 방방 뛰지 않아도 언제든 머리끝에 오를 수 있을 테니.

문득 엉뚱한 생각이 들었다.

'여기는 이상한 나라일지 몰라. 달콩이도 바닥을 벗어나 아무 곳이나 마음껏 헤집고 다니는데, 난 지금 뭐하는 거야?'

바닥에 대한 집착을 버리기도 했다. 통로를 지날 때 한번 거꾸로 서봤다. 그다음에는 옆으로도 서보고.

참 신기했다. 같은 공간도 바라보는 방향에 따라 전혀 다른 풍경이 펼쳐졌다. 우리는 그동안 중력의 감옥에 갇혀 지냈던 것 같다. 세상을 한쪽으로만 바라보았으니까. 위, 옆, 대각선에서 바라보는 세계는 전혀 달랐다. 같은 공간이지만 또 다른 차원처럼 느껴졌다.

드디어 나는 다른 세계로 들어섰다.

누가 이상하게 볼까 봐, 그러면 안 된다고 할까 봐 망설일 이유가 없었다. 우리는 이제 체셔 고양이처럼 '아무 곳'을 마음껏 오갈 수 있었다. 이곳은 생각보다 넓은 곳이다.

의무실에서
생긴 일

도착 6일째, 오늘은 매주 받는 건강검진의 첫 번째 날이다.

먼저 키부터 쟀다. 버릇처럼 허리를 펴고 고개도 빳빳하게 쳐들었다. 발뒤꿈치를 슬쩍 치켜세울까 했지만, 의미 없을 것 같았다.

"와우!"

키가 2cm 커졌긴 한데, 다리 길이는 그대로였다. 허리만 쭈욱 잡아뺀 듯 상체만 길어졌다.

'이건 바람직하지 않아.'

다음에는 혈압 측정. 우주에 나오면 혈압이 낮아진다고 들었기에 잔뜩 긴장하고 결과를 기다렸다.

"정상이네요."

혈압은 큰 차이가 없었다. 단지 심박수가 살짝쿵 빨라진 정도? 혈압이 내려가고 심박수도 줄어들 것만 같았는데 의외였다.
무중력 상태에선 하체를 쓸 일이 거의 없다. 그래서 아래쪽으로 피를 보낼 필요성이 줄어든다. 얼굴이 붓는 것도 피와 체액이 상체에 몰리기 때문이다. 일거리가 줄어든 심장도 게을러지게 된다.

"충분히 운동을 안 하면 혈압, 심박수가 낮아질 수 있어요."
"아, 네…. 그런데 제 얼굴은 어떻게 안 될까요?"
"지구로 돌아가면 원래대로 될 겁니다."

난 졸지에 얼큰이 숏다리가 되었다.

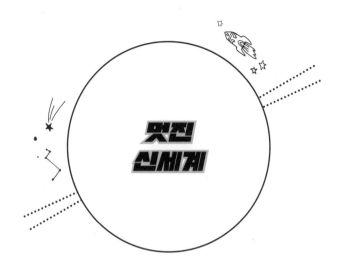

멋진
신세계

오래전에 봤던 드라마에 이런 장면이 나왔다.

정적이 흐르는 가운데 두 남녀가 허공에 둥실 떠오른다. 실크처럼 부드러운 이불로 몸을 감쌌으나 그들이 뭘 하고 있는지 금세 눈치 챌 수 있다. 이윽고 우주선이 빠르게 움직이자 침대로 '쿵' 소리를 내며 떨어진다.

무중력에서 남녀의 정사는 상상하기도 힘들다. 그렇지만 꽤 색

다른 경험이 될 것 같은 기분이 든다.

사람은 온갖 상상을 즐겨 하는 종족이다. 정말 다양한 장소, 방법으로 사랑을 나눈다. 좁은 공간에 갇힌 느낌, 전혀 예상치 못한 곳에서의 유희도 종종 등장한다. 프랑스인은 '아무도 없는 해변에서의 정사'를 꿈꾼다고 한다.

내게 첫 키스의 추억은 차가운 바람이었다.

정말 꿈만 같이 바람에 등 떠밀려 키스했으니까.

이런 상상과 경험이 우주에선 낯설다. 결코 일어날 수 없는 상황이니 떠올리기도 힘들다. 중력이 사라졌다는 이유만으로 우리는 미지의 세계를 헤매게 된다.

우주 생활을 예견한 소설가 아서 C. 클라크는 이렇게 말했다.

무중력은 인간에게 새로운 성적 영역을 선사하겠지만, 저중력에서의 섹스는 훨씬 놀라운 가능성을 가져다줄 것이다.

곰곰이 생각해보니 무중력보다는 지구 중력의 6분의 1인 달이나 3분의 1가량인 화성처럼 중력이 낮은 곳에서 더 스릴 넘치는 일이 벌어질 것 같다.

'아예 없는 것보다 조금 있는 편이 낫겠어.'

이곳 커플들의 경험담도 궁금하지만, 훗날 더 먼 곳에 다녀온 이들의 이야기를 듣고 싶다.

여기 와이파이
되나요

간혹 울려오는 카톡 소리, 일상처럼 아무런 생각 없이 받았다. 유튜브나 페이스북도, 즐겨 찾던 웹툰 신작도 바로 볼 수 있다. 평소와 전혀 다름이 없다. 한 가지 변한 점이라면 SNS의 내 프로필에 '지구를 떠났음'이라 쓰여 있을 뿐이다.

무심결에 단축 버튼을 눌렀다가 '뚜뚜…' 소리에 깜짝 놀랐다.

'아차, 여긴 휴대폰 안 터짐.'

우주에선 오직 와이파이만 연결된다. 인터넷은 잘되는데 전화는 왜 안 될까?

예전에 비행기를 탔다가 인터넷이 된다 해서 신기해하던 기억이 났다. 하지만 비싼 데이터 요금에 놀라 차라리 몇 시간 참는 길을 선택했다. 다행히 이곳 인터넷은 공짜다. 각자 쓰던 스마트폰이나 노트북, 태블릿PC도 가져올 수 있다. 속도는 그럭저럭. 가끔 카톡이 몇 초씩 늦게 오는 정도다.

우주에 인터넷이 처음 개통된 것은 2010년이었다. 그전에는 잠깐씩 지구와 교신할 때만 이메일을 통해서 개인 연락을 주고받았다고 한다. 지금처럼 와이파이를 쓸 수 없었다니 엄청 불편했겠지?

나,
지금 어두운 부스에서 불 켜고 이거 쓰고 있어요.
지상에 있는 당신과 이야기 나누기 위해서.
– 별하늘 여행자가

2주차

평범한 듯한
또 다른 일주일

다람쥐 쳇바퀴 도는 기분이다.

이제 무중력도 익숙해졌고, 멀미도 사라졌다. 창밖에 보이는 지구 별도 처음처럼 감동적이진 않다.

'딱 일주일 지났는데 벌써…. 앞으로 3주를 어찌 버티지?'

호텔 안은 공기 정화 장치가 가끔 '피슉'거리고, 냉난방기가 '웅웅'대는 소리, 알 수 없는 기계음들이 합쳐져서 조금 시끄러웠다.

나처럼 예민한 사람의 귀에는 상당히 거슬리는 편이다.

호텔에서의 하루는 정확히 말하자면 92분이다. 92분마다 지구를 한 바퀴씩 돈다. 그러면 46분은 낮, 46분은 밤이 된다.

하지만 그리니치 표준시에 맞춰서 아침 6시 기상, 저녁 9시 반에 취침하라고 한다. 매일 같은 시간에 잠들어서, 같은 시간에 일어나고 오가고 밥을 먹는다.

가끔씩 카톡이나 SNS로 지구와 연락하고 있는데 그마저도 없었다면 여긴 정말 끔찍한 감옥처럼 느껴졌을 것이다. 처음에는 잔뜩 들떠 있던 사람들도 다들 시큰둥해졌다. 보이는 것마다 사진 찍기 바쁘더니 이제 더 찍을 게 없나 보다.

아무래도 이건 아닌 듯싶었다. 그동안 아무 생각 없이 배회하기만 했으니, 이제 뭔가 의미를 스스로 찾아갈 시간이다.

'뭐가 좋을까?'

여기서는 같은 곳에 있으려면 쉬지 않고 힘껏 달려야 해. 어딘가 다른 데로 가고 싶으면 적어도 그보다 두 곱은 빨리 달려야 하고.

《이상한 나라의 앨리스》에 나오는 '붉은 여왕'의 말이 떠올랐다. 지금 이 상황과 너무 똑같다. 우주호텔은 하루에 지구를 열여섯 바퀴씩 맴돌며 쉬지 않고 달리고 있지 않은가.

난 그런 곳에서 조금 더 앞으로 가보기로 했다.

지금 우주호텔은 뉴욕 상공을 지나 대서양에 접어들었다. 캐나다 동부 해안을 따라 올라가면 잠시 뒤에 차가운 북극해 근처를 지나게 될 것이다.

《80일간의 세계 일주》가 쓰인 지 150여 년이 지났을 뿐이다. 그런데 이제 80분이면 세계 일주를 마칠 수 있다.

그 소설은 기술이 한창 발전하던 무렵의 이야기다. 세계를 한 바퀴 횡단하는 데 100일이면 된다고 생각한 사람들, 영국 신사들의 모임에서 어떤 이가 무모한 제안을 했다.

"나는 80일이면 지구를 돌아올 수 있소."

'필리어스 포그'는 런던을 떠나 파리를 거쳐 수에즈로, 인도의 뭄바이와 홍콩, 요코하마를 지나 샌프란시스코까지 갔다. 기차를 타고 미국 대륙을 횡단했고 뉴욕에서 배를 타고 다시 리버풀에 간 뒤에 런던으로 80일 만에 돌아왔다. 아리따운 '아우다'와 함께.

지금 포그 씨의 여정을 따라 뉴욕에서 영국으로 향하는 중이다.

조금 전에 '타이타닉'이 침몰했던 곳을 지났지만, 하필 밤이라서 아무것도 볼 수 없었다. 육지의 도시 위를 지날 때 야경은 정말 아름답다. 이토록 멀리 떨어졌는데도 불빛이 선명하게 보이다니….

그러나 대양 위에선 캄캄할 뿐이다. 밤하늘에는 투명한 껍질처럼 얇은 막이 보였다.

10여 분이 지났을까? 저쪽 끝에서 차츰 불빛이 보였다.

포그 씨가 8일 걸려 횡단했던 대서양을 고작 12분 만에 건넜다. 영국 구경도 잠시, 금세 도버 해협을 지나 브뤼셀이다. 정말 눈 깜

짝할 사이였다. 어느새 독일 뮌헨 위더니, 오스트리아와 헝가리 한복판을 그대로 스쳐 지났다. 유럽의 끝자락을 거쳐 페르시아만에 다다를 무렵이 되자 아침 해가 떠올랐다.

지구상에서 가장 야경이 화려한 유럽을 이렇게 일주한 셈이다.

인도양에 들어서자 낮 기운이 완연했다. 인도가 얼핏 보이더니 곧 사라졌고 시야에는 온통 파란 바다만 들어왔다.

"아! 저기 몰디브네."

우리는 몰디브 바로 위를 지나쳤다. 에메랄드 바다 사이로 길게 늘어선 고리 모양의 산호초들이 옅은 터키석 색깔을 띠고 있었다.

또다시 드넓은 바다가 펼쳐졌고, 10분 뒤에 호주가 나타났다.

지구를 바라볼 때 육지가 안 보이면 왠지 허전해진다. 육지라고 해봐야 전체 면적의 30%가 채 안 되니까 어쩔 수 없다는 걸 잘 알면서도 그렇다.

반가웠던 코알라도 잠시, 우리는 가장 큰 바다에 들어섰다.

뉴질랜드-하와이-남극을 잇는 남태평양은 우주에서는 육지라곤 코빼기도 안 보인다. 만약 외계인이 이쪽에서 지구를 관찰하면 분명 이럴 거다.

"오! 이 별은 온통 물로 뒤덮인 행성이네요."

우리는 꼬박 20분 동안 바다만 봐야 했다. 겨우 저 멀리에 육지가 보일 무렵에는 해가 저물고 있었다.

'여기는 어디쯤일까? 로스앤젤레스? 아니면 샌프란시스코?'

어두워진 틈새로 슬며시 다가오는 도시 야경이 어쩌나 반갑던지. 얼른 시계를 봤다.

'80분 걸렸네.'

뉴욕에서 샌프란시스코까지 지구를 한 바퀴 둘러 오는 데 겨우 80분 걸리다니, 포그 씨가 이걸 봤더라면 뭐라 할지 궁금했다.

조금 전 뽑아낸 커피가 채 식기도 전에 우리는 플로리다를 거쳐 다시 아프리카로 향했다.

꿀과 같은 시간,
허니문

여행을 자주 다니던 친구가 있었다. 비혼을 꿈꾸며 화려한 싱글 라이프를 즐기더니 어느 날 전혀 예상치 못한 말을 내뱉었다.

"나도 신혼여행 가보고 싶어."

"결혼하려고? 나 몰래 누구 만나는 거야?"

"아니, 결혼은 말고 그냥 신혼여행이 가고 싶다고."

"애인이랑 여행 가는 거 말이지?"

"그건 또 틀리지. 암튼 신혼여행은 가보고 싶어."

쟤 뭐래? 결혼식 없는 신혼여행이라니…. 처음에는 무슨 소린가 어리둥절했다. 그러곤 곧 깨달았다.

'결혼하기는 싫고, 허니문의 낭만은 아쉬운가 보네?'

허니문의 명확한 기원은 나와 있지 않지만,《메리엄 웹스터》사전에 의하면 16세기 문헌에 유래가 나온다.

고대에는 벌꿀이 무르익는 6월 말에서 한여름까지의 시기를 허니문이라고 일컫기도 했다.

연중 가장 달콤한 계절을 신혼에 비유한 것일까?

옛날에는 남녀가 결혼식을 올려야 아무래도 친밀한 관계가 형성되었을 테니 신혼 때가 얼마나 달콤했을지 가히 짐작이 간다.

허니문에 여행 문화를 접목한 것은 19세기 유럽이었다. 결혼식이 끝나면 아무도 찾을 수 없는 곳으로 야간열차나 배를 타고 단둘이 떠나는 여행이 인기였다고 한다.

그런 의미에서 우주는 허니문을 즐기기에 제격인 곳이다.

세상에서 완전히 동떨어져 있고, 뭐든 신기하고 생소하며, 달과 별이 기다리는 로맨틱한 밤의 품속이니까.

함께 온 일행 중에도 신혼부부가 한 쌍 있었고, 다른 팀에서도 눈에 띄었다. 난 그들 틈에서 별빛 가득한 로맨스를 엿봤다.

돌아가면 친구에게 이렇게 말하고 싶었다.

"니 말이 맞아. 허니문은 꼭 가봐야지."

편견과 차별을
넘어서

이곳에는 남녀가 반반 정도 섞여 있다. 하지만 아이들은 전혀 없고, 노인은 매우 드물었다.

우주여행이 시작되기 전 우주에 왔던 사람은 몇이나 될까? 반세기 넘게 우주비행사는 공식적으로 560여 명에 불과했다.

'훨씬 많을 줄 알았는데….'

한 번 왔던 사람이 몇 번씩 다녀온 경우가 많아 순서만 기다리다가 못 온 경우가 허다했다.

그중에서 여성은 놀랍게도 고작 60여 명이었다. 의외로 우주는
성차별이 심한 곳이었다. 진취적이고 합리적인 사람들의 공간이
라 여겼는데, 실제로는 너무나 보수적인 틈바구니에 속했다.

소련은 최초의 여성 우주비행사를 배출하고도 정작 여성에게
우주로 갈 기회를 제대로 주지 않았다. 그나마 여성 우주비행사 중
에서 46명이 미국인이다. 그런 미국조차도 처음에는 여성의 우주
진출에 인색했다고 한다.
어느 정도냐면, 여성은 생리용품까지 챙겨야 해서 훨씬 비용이
많이 든다는 헛소문이 공공연하게 통할 정도였다. 극한의 환경에
서 여성은 견뎌낼 수 없을 거라는 둥, 몸에 문제가 생길 거라는 식
의 억측도 파다했다.
이런 모든 편견은 직접 깨뜨리기 전에는 넘어서기 힘들다.

'페기 윗슨'이라는 여성이 있었다. 미국인 중에서 가장 오래 우
주에 머물렀고, 우주정거장에서 사령관을 도맡았다. 은퇴한 이후
에도 지금까지 존경받는 우주인이다.

소수의 여성 우주비행사들은 오래도록 편견과 싸웠고 그 덕분에 많은 여성이 우주로 올 수 있었다. 지금은 이곳 우주호텔에서도 자연스럽게 여성을 볼 수 있다.

차별은 "너는 못할 거야"라는 편견에서 비롯된다.

누구나
기회만 주어진다면
간절히 바란다면
못할 것이 없는 곳
여기 우주랍니다.

여행을 다녀오면 가장 기억에 남는 것은 뭘까? 멋진 풍경, 이색적인 거리, 사람들?

나는 그곳에서 먹었던 음식 맛이 먼저 떠오르곤 한다.

내 기억 속의 지리산은 컵라면 맛이다. 추위에 허덕거리며 정상에 올라 먹었던 설익은 컵라면의 맛이 아직도 혀끝을 맴돈다.

무더웠던 어느 여름날, 에메랄드빛 협재 바닷가에서 마셨던 차가운 맥주 한 모금의 상쾌함도 잊을 수 없다.

신기하지만 맛의 추억에는 늘 순간의 기억이 겹치곤 한다. 아무리 좋은 음식도 어울리는 배경이 곁들여져야 제 맛이다.

한번 생각해봤다. 창밖에 보이는 지구를 바라보면서는 뭘 먹으면 좋을까? 〈라라랜드〉 OST와 함께 새콤한 파스타 샐러드? 재즈 선율에 곁들여 핏물 살짝 배어 나오는 미디움 스테이크?

'설마 여기서도 컵라면은 아니겠지.'

잠깐 불손한 생각이 머리를 스쳐 지나갔다.
톨스토이가 이런 말을 했다.

신은 인간에게 음식을 보냈고, 악마는 요리사를 보냈다.

그런데 지구는 우주에 '인스턴트 음식'을 보냈다.

즉석요리는 지긋지긋하다. 하지만 오늘도 멋진 식당의 풍경은 동일하게 펼쳐진다. 좁은 테이블에 여럿이 모여 앉아 무어라 이야기를 나눈다. 벽에는 반짝이는 가위, 칼, 포크, 스푼이 주렁주렁 매달려 있어서 마치 수술실에 들어온 느낌이다.

"그럼 이제부터 시작합니다. 먼저 가위!"

누군가 가위를 잡아당겨 능숙한 솜씨로 이것저것 팩을 자른다. 그걸 받아들고 젤리를 짜내듯 물을 조심스레 붓는다. 촉촉해진 팩의 도착지는 식탁이 아닌, 투박한 가열기. 연신 캔을 따서 살며시 자석 테이블에 올려놓고 빵을 꺼내서 토스터에 굽고 포장된 음식을 전자레인지에 넣어 돌린다.

겨우 식탁이 차려졌다. 이와 동시에 불청객이 벌써 와서 "윙윙 쩝쩝" 하고 있었다. 진공청소기도 배가 고팠나 보다.

이게 다 무중력 탓이다. 뭐든 둥둥 떠다니는데 별수 없다. 그릇이야 찍찍이나 자석으로 붙여놓는다지만, 음식은 어쩌지 못한다. 국물은 모두 방울방울 떠다니고, 빵부스러기는 운석이 되어 어디론가 날아갈 것이다.

식당에는 따로 조리 공간이 없다. 수십 가지 음식이 담긴 팩, 레토르트 파우치, 캔, 튜브뿐으로 수분을 쫙 빼고 동결 건조한 음식이 대부분이다.

자고로 맛난 요리에는 뜨거운 불이 필요하다. 그렇지만 우주에서 불을 피우면 어떻게 될까?

아마도 활활 타오르는 공처럼 불꽃이 사방으로 둥글게 퍼지겠지. 가스레인지 아웃!

그럼 전기 인덕션이나 핫플레이트는? 오케이.

'뭐가 이리 까다롭지? 어차피 즉석 음식인데….'

우주에서 식사란 삶을 위한 전쟁이다. 우리는 살기 위해 먹는다.

콜라 맛의 비밀

"얘네는 여기까지 와서도 경쟁하는구나."

우주호텔에서는 음료수도 나라별로 종류가 다양했다. 에이드, 우유, 요구르트, 온갖 주스에 탄산음료까지. 특이하게도 콜라만은 코카콜라와 펩시콜라 두 종류뿐이었다.

콜라 한번 마셔볼까? 꿀꺽, 꿀꺽.

'어째 맛이 밍밍하다. 이거 뭐지? 꼭 김빠진 콜라 같잖아!'

혹시나 해서 다시 봤지만 지금 막 뚜껑을 딴 콜라 맞다. 이어서 펩시까지 마셨으나 똑같았다.

자초지종을 알아봤더니, 콜라를 마시면 트림하기 쉬워서란다.

탄산음료를 마시면 속에 가스가 차 트림을 하게 된다. 지구에서는 위장 속의 음식이나 음료가 중력 때문에 아래쪽으로 내려가 트림을 해도 문제없지만, 우주에서는 어떨까?

사람이 떠다니듯 음식도 별수 없이 위 안을 둥둥 떠다닌다.

이런 상태에서 트림하면 가스는 물론이고 마셨던 음료도 같이 뿜어져 나오게 된다. 한마디로 트림했다간 구역질로 이어지기 십상이다.

그래서 콜라 회사들은 특별한 우주 음료 개발에 나섰고, 그 결과 지금의 스페이스 콜라가 탄생했다.

비결은 간단했다. 탄산을 줄이면 될 것 아닌가. 덕분에 콜라가 밍밍한 설탕물이 된 셈이다.

'그럼 혹시 맥주도?'

차가운 맥주 캔을 따서 마셔봤으나 역시 밍밍했다.

'차라리 만들지나 말지! 기대나 않게….'

탄산음료 킬러라 아쉬움이 더 컸다. 소화 안 될 때나 마음이 답답할 때 탄산음료의 톡 쏘는 맛은 속을 시원하게 뚫어준다. 다행히 사이다 한 종류가 조금 탄산 함량이 높다는 걸 알아챘다. 아쉽지만 콜라 대신에 사이다로 만족하자.

"끅!"

아, 어떡해….

오기 전에 친한 친구가 그랬다.

"내가 찾아봤는데, 우주에선 골다공증 걸리기 쉽대."

그러면서 슬며시 내민 건, 칼슘 보충에 좋다며 직접 만들어준 멸
치 볶음이었다. 먹기 좋도록 멸치를 달달하게 볶았다. 어찌나 간장
과 물엿 비율을 환상적으로 맞췄던지, 번드르르 윤기 뿜뿜한 멸치
들이 나를 유혹했다.

'어서 나를 먹어요, 머리부터 꼬리까지. 당신의 뼈가 되고 피가
되어줄게요.'

혼자서 뭔가 꺼내 오독오독 먹으니 다른 여행자들이 궁금해하
며 물었다.

"그거 뭔가요? 맛있게 드시네요?"
"아… 하하, 한국 음식이랍니다. 며르치 볶음이라고."
"메르씨, 보꾸? 뭐가 감사한데요?"

결국엔 무엇으로 만든 음식인지 설명해야 했고 당연히 듣곤 다
들 기겁했다. 꼭 멸치들이 살아서 쩨려보는 느낌이 든다나?
누군가 말했다.

"만약 우주에 나갔다가 잘못하면 저 물고기 미라처럼 됩니다."

난 고소한 생선 미라 볶음을 혼자서 몰래 먹어야 했다.

거품이 필요해

욕실에 샤워하러 들어가서 옷을 홀랑 벗었는데, 따뜻한 물이 나오지 않는 걸 뒤늦게 알아챘을 때….

종종 겪는 상황이다.

나는 그럴 때면 찬물을 다리에 먼저 뿌린 뒤, "읔" 소리를 참으며 씻는 둥 마는 둥 하고 나온다. 어떨 때는 거품도 제대로 닦아내지 못하고 후다닥 뛰어나온다.

냉수욕이 몸에 좋다지만, 난 찬물이 싫다. 심장마비 올 것 같아서. 안 씻고픈 마음이 굴뚝 같지만 이왕 옷까지 벗었으니 대충이나마 씻고 나오는 것이다.

'아, 찬물로라도 씻고 싶다!'

이곳에서는 차가운 샤워조차 꿈도 못 꾼다.

따뜻한 물속에 몸을 푹 담갔으면 소원이 없겠다. 노긋노긋하게 피로를 씻어내는 것은 상상만 해도 설레는 일이다.

'세수라도 물로 할 수 있다면….'

여기서 세면은 이런 식이다. 티슈에 물을 살짝 적시고 물비누를 조금 묻힌 뒤 얼굴을 닦으면 끝.

무슨 성분인지 거품 하나 없고, 금세 마르면서 상쾌한 느낌이 든다. 손 세정제처럼 알코올이 들어간 건 아닐까?

샤워도 마찬가지다. 젖은 타월이나 손으로 물을 직접 몸에 묻히고 바디클렌저를 바른 뒤 마른 타월로 닦아내면 끝이다. 다행히 물은 피부에 달라붙으면 잘 떨어지지 않는다. 너무 양이 많으면 물방울이 되어 둥실 떠오르지만.

바디클렌저도 물비누와 비슷하다. 거품 없는 목욕은 조금 생소하지만 상황이 이렇다 보니 어쩔 수 없다. 준비해 온 때수건은 무쓸모였다.

샤워나 세면을 할 때 걸림돌은 '물'이다. 고양이 세수하듯 물을 살짝 묻혀 닦아내려니 영 찜찜하지만, 그나마도 물이 부족해 제대로 씻지도 못한다.

어떤 이는 며칠 물을 모아서 씻는다고도 했다.

그러면 머리는 어떻게 감을까?

거품이 전혀 나지 않는 전용 샴푸를 써야 한다. 진짜 샴푸를 썼다간 온통 거품이 떠다닐 게 뻔했다.

물 없이 감는 건 드라이 샴푸와 같지만, 스프레이가 아니라 바르는 액체다. 써보니 마른 뒤에 가루도 날리지 않았다. 머리에 골고루 묻혀 살살 문지르다가 빗으로 쓱쓱 빗으면 된다. 헤어드라이어는 못 쓰지만, 어차피 말릴 새도 없이 마른다.

이제 양치질이 남았다. 눈치 빠른 이들은 금세 짐작하겠지만 유아용으로도 쓰이는 그냥 꿀떡 삼키는 치약이 있다. 양치한 뒤에 물한 모금 마시고 그대로 들이켜면 된다. 마셔도 전혀 해롭지 않다고 하니 믿어보자.

우습게도 세상에서 제일 비싼 호텔에 제대로 된 욕실 하나 없다. 물론 큼지막한 욕조 따윈 기대하지 않았어도, 샤워기 정도는 있을 줄 알았다.

'우주에서 샤워할 방법이 진짜 없는 거야?'

예전에 미국은 50평짜리 원룸형 우주정거장을 가지고 있었다. 그곳에는 우주 최초로 샤워실이 갖춰졌다고 한다. 밀폐된 욕실에 들어가서 샤워를 했던 이는 얼마나 행복했을까? 그러나 장소 부족, 물 부족으로 모두가 기대했던 샤워실은 사라졌다.

다음은 달콩이 차례.
사람이야 맨살을 물티슈로 문지르면 되지만, 녀석은 온통 털이라 샴푸가 아주 많이 필요하다.

"잠깐, 움직이지 말라고!"

가끔 몸을 푸드덕 털면 아주 가관이다. 달콩이를 씻길 때마다 얼마나 애먹었는지 모른다. 사방으로 튄 물방울 처치하느라.

"달콩아! 너 지금 고슴도치처럼 털이 뾰족 섰으니 그 꼴 어쩔?"

빗질을 해주며 뽑혀 나온 털 뭉치를 보면서 한숨만 내쉬었다. 차라리 씻는 거 싫어하는 알콩이를 데려올걸.

황금보다
더 값비싼

내겐 징크스가 하나 있다.

고속도로 타기 전에 꼭 화장실부터 들러야 한다. 괜찮다가도 휴게소를 지나치면 어김없이 신호가 온다. 그래서 미리미리 억지로라도 일을 봐둬야 한다.

지구를 떠날 때 우주선에서 꽤 오랜 시간 기다려야 했다. 앉아서 혹시나 느낌이 올까 노심초사했는데, 다행히 그때는 괜찮았다. 출발한 다음에 화장실이 급해진 건 당연했고.

우주선에는 화장실이 없다. 위급할 때 쓰는 간이 변기가 있었지만 생판 모르는 사람들 틈에서 그런 걸 쓸 용기가 나지 않았다.

우주호텔에 도착해서 제일 먼저 찾은 곳이 바로 화장실이었다. 드넓은 우주에 정말 몇 개 안 되는 화장실이 여기 있으니까.

욕실 겸용으로 쓰이는 공간은 여느 화장실과 사뭇 달랐다. 물 내리는 변기도 없고 세면대도 없었다. 정체를 알 수 없는 호스가 날 기다렸다.

지상에서 미리 교육을 받았지만, 혹시나 해서 다리를 비비 꼬면서 안내 문구를 다시 살폈다. 막상 사용하려니 막막하기만 했다.

부착된 큰 호스는 당연히 큰일을 보기 위한 것이다. 옆에 걸린 작은 호스는 작은 일.

얼굴에 산소마스크를 씌우듯, 큰 호스에 엉덩이를 들이밀고 버튼을 누르면 "쉬익!" 세차게 공기를 빨아들이는 소리가 난다.

작은 호스는 약간의 요령이 필요하다. 각자의 신체 구조에 맞는 깔때기가 따로 있어서, 적당한 것을 골라서 끼워넣어야 한다. 일이 끝나면 티슈로 마무리.

손을 씻는 것은 물티슈로 해결한다. 물로 씻으려면 더 복잡해지

니까.

한 가지 주의해야 할 것이 있다. 호스를 몸에 밀착시키고 그냥 일을 보면 몸이 둥둥 떠올라 우스꽝스럽게 된다. 바닥에 있는 발걸이를 이용해 몸을 지탱해야 한다.

달콩이는 항상 기저귀를 채워야 했다. 집에서는 정해진 곳에만 쉬야를 했던 똑똑한 아이지만, 여긴 그럴 만한 곳이 없다. 녀석은 생전 안 차봤던 기저귀가 불편한지 낑낑거렸다.

예전에 우주인들은 화장실 없는 우주선에서 어땠을까?
상상만 해도 웃음이 나온다. 옛날엔 대변 일부를 회수하여 건강을 체크하는 용도로 썼고 나머지는 얼려서 버렸다고 한다.
하지만 소변은 달랐다. 우주에서 물만큼 귀중한 자원은 없기에 반드시 회수했다. 습기, 오줌, 기타 물이란 물은 죄다 정화해서 다시 썼는데 재활용률이 무려 90%가 넘었다. 물론 재생된 물은 식수로도 사용됐다.
이곳 호텔에서도 역시 물은 모두 재활용한다.

"우리는 서로 체액을 나누는 사이가 되는 겁니다!"

우주호텔에 도착해서 수없이 들은 말이지만, 막상 호스를 보면 솔직히 조금 께름칙하다. 천만다행으로 화장실 물은 식수가 아닌 다른 용도로만 쓰인다고 한다.

'혹시 저 사람 소변으로 얼굴 씻은 거 아니겠지?'

처음에는 다른 사람을 볼 때마다 그런 생각이 떠올라 심란했지만, 이제 그러려니 싶다.

대변은 모두 얼려서 폐기물과 함께 대기권에서 불태운다. 수천 도의 불꽃으로 깨끗이 태워버리니까 안심하자.

훗날 화성이나 달에 정착하는 사람들은 상황이 다르다고 한다. 대변마저도 소중한 자원으로 써야 할 거란다. 영화 〈마션〉에 나온 내용은 충분히 있을 수 있는 일이다. 그때는 똥값이 금값일 것이다. 자기 대변을 조심스레 포장해서 마트 계산대에 내밀고 물건을 잔뜩 사는 장면을 상상해봤다.

"똑똑!"

"잠깐만요, 지금 황금을 낳는 중이에요."

황금알을 낳는 거위는 진짜 존재할지도 모른다.

달톡스와
요망한 5번 요추

여행 오기 전 나는 거울을 볼 때마다 눈가에 잡힌 주름이 신경쓰여 한숨지었다. 아무리 좋은 아이크림도, 찡그리지 않으려고 노력했던 그간의 수고도 허사. 세월은 어김없이 지나간 흔적을 남겨놓았다.

"보톡스를 맞아볼까?"

"그거보단 필러가 낫지 않아? 각진 얼굴도 둥글게 바꿔주는 마법의 묘약이라는데."

지상에 남겨진 많은 이들은 오늘도 고민할 것이다. 그런데 우주에는 달톡스가 있다. 일단 얼굴은 달님이 돼서 웬만한 주름은 한껏 펴진다. 부작용이라면 붓다 못해서 빵빵해진다는 거.

우주 여행자들은 한 사람도 빼놓지 않고 강제로 달톡스 시술을 받는다. 물론 여기 머물 때만 효과가 있다. 몇몇은 처진 엉덩이나 가슴이 제 모습을 찾았다며 좋아했다.

'탄력을 잃은 피부가 어떻게 되살아났지?'

그러나 기쁨도 잠시, 가만히 있을 때만 그렇게 보일 뿐이다. 출렁이는 살결은 감출 수가 없다.

중력이 사라진 자리에는 또 다른 기쁨이 있었다. 허리 통증도 함께 사라졌다.

네 발로 걷는 동물들에게는 없다는 것, 두 발로 선 대가로 치러야 하는 허리 디스크는 중력에 맞서려 했던 인간이 겪어야 할 고달픈 질병이다. 스물여섯 개 척추뼈를 누르고 있던 압박이 사라지면 자연스레 뼈마디 사이사이가 벌어진다.

뼈 사이가 벌어지자 통증만 사라지는 게 아니라 키도 커졌다.

어떤 이는 무려 5cm나 커졌는데, 나는 2cm로 만족해야 했다.

　잘못된 자세 탓인지 가끔 쿡쿡 찔러대며 통증을 불러왔던 너.

　'5번 요추, 요망한 것!'

　무거운 짐을 덜었을 테니 잠시라도 편히 쉬렴. 돌아가면 다시 태
산 같은 몸을 받쳐줘야 하니까.

　그러자 내면으로부터 귀에 익은 목소리가 들려왔다.

　'타박하지 말고 살부터 빼시던가.'

딱딱하지만
말랑말랑해

언제부터인가 자고 일어나면 어깨가 결리곤 했다. 그 고통은 겪어본 사람만 알 수 있다.

병원에 가봐야 속 시원하게 치료가 안 되고 통증 주사를 맞아봐도 효과가 있는 건지 알쏭달쏭. 컴퓨터를 너무 많이 하지 말라는데, 그건 좀….

누군가 베개를 바꾸면 좋다고 했다. 당장 비싼 메모리폼으로 교체했지만 신통치 않았다. '무중력 매트리스'를 선전하기에 그것도 사봤지만 소용없었다. 그러려니 달고 살아야 하는 현대인의 난치병.

'그런데 우주인들에게는 그 병이 없다!'

브람스의 가곡 〈잠의 요정〉에는 난쟁이 요정이 등장한다. 어린 아이의 눈에 모래를 뿌려 잠들게 하는 설화 속 요정이다. 밤마다 잠 안 자는 아이들을 찾아다니는 요정도 지구가 여기와 같이 매일 열여섯 번이나 낮과 밤이 번갈아 온다면 이렇게 말했을 거다.

"에이, 요정 짓도 못해 먹겠네!"

우주에서는 해가 뜨고 지는 것으로 도저히 지상에서처럼 하루를 구분지을 수 없다. 불빛을 낮추고, 잠잘 시간을 알리는 음악으로 대신한다.

우리 침실은 좁은 캐비닛처럼 생겼다. 성인 한 사람이 들어가면 적당한 크기. 그 안에는 벽에 매달린 침낭 하나, 각자 쓸 수 있는 태블릿 컴퓨터 한 대, 물건이 떠다니지 않도록 넣어두는 사물함이 있다.

사실 나는 한 번도 침낭에 들어가서 잠잔 일이 없다. 여긴 뭐든 말랑말랑해 어디서든 매트리스 없이도 편하게 잘 수 있다.

딱딱하다는 느낌은 뭔가에 부딪히거나 꾹 눌러봐야 알 수 있다. 단단한 쿠션 재질의 벽에 몸을 기대도 중력이 없어서 꼭 솜털처럼 부드럽게 느껴진다.

둥둥 떠서 자는 것은 색다른 경험이다. 자고 일어나면 몸이 정말 개운하다. 이곳에 와서 제일 맘에 드는 것이 포근한 잠자리일 정도다.

하지만 생체 시계가 고장 난 건지 잠이 잘 오지 않는다. 좁은 개인 부스에 틀어박혀 아무리 잠을 청해봐도 눈꺼풀이 무거워지지 않는다. 웅웅거리는 소리 때문일까?

지금 들려오는 음악 소리가 마침 〈잠의 요정〉이다. 작고 귀여운 모래 요정은 어디쯤 오고 있으려나?

제때 잘 수만 있다면 정말 행복한 꿈을 꿀 것 같다.

어린 왕자의
세계

조그만 별에서는 의자를 몇 발짝 뒤로 물려놓기만 하면 되었지.

그래서 언제나 원할 때면 너는 석양을 바라볼 수 있었지.

'어느 날 나는 해가 지는 걸 마흔세 번이나 보았어!'

그리고는 잠시 후 너는 다시 말했지.

'몹시 슬플 때는 해지는 모습을 좋아하게 되지.'

내가 물었지.

'마흔세 번 본 날 그럼 너는 몹시 슬펐니?'

그러나 어린 왕자는 대답이 없었다.

사람들이 《어린 왕자》에서 자주 인용하는 부분이다. 아주 자그마한 소행성 'B-612'에서는 계속 석양을 볼 수 있었다. 단지 조금만 뒤로 물러서는 것으로도.

여기에서는 하루에 열여섯 번이나 석양을 볼 수 있다. 지구가 작아서가 아니라, 우리가 너무 빨라서.

해가 질 때는 지구 표면 주변이 극단적으로 변한다. 먼저 무지갯빛이 층층이 펼쳐진다. 아주 선명한 진홍색과 연갈색, 노란색까지 섞이다가 연푸른 파스텔톤으로 물든다. 아크릴 물감과 수채화를 마구 섞어놓은 듯한 광경이 펼쳐지는데 공기가 없어 빛이 산란하지 않기에 모든 색은 본모습 그대로 드러난다.

해 질 녘의 풍경은 그리 오래 볼 수 없다. 석양은 뭔가에 쫓기듯 후다닥 숨어버린다. 햇빛은 온데간데없이 사라지고 순식간에 어둠이 몰려오면 순간 섬뜩한 느낌이 들기도 한다.

어느 날 우주의 섬뜩한 어둠을 적어보기로 했다. 그런데 말이지, 난 정말정말 글솜씨가 형편없다.

모니터나 사진에서 보는 검은 우주는 내 눈앞에 마주한 어두움과

비견하기 힘들다. 차라리 색이 전혀 없다는 표현이 맞을 것이다. '창백하고 어두운 우주'의 이야기는 책에서 많이 봤지만, 직접 보면 소름 끼치도록 차갑다. 끝이 안 보이는 심연에 빠져들 것 같다고 해야하나. 어둠의 마왕이 사람들을 옴짝달싹 못하게 만드는 마법처럼.

하지만 심연 같은 어둠 또한 이내 돌변한다.

'별빛!'

잠깐 눈을 꼭 감았다가 천천히 다시 떴다. 새까만 블라인드가 올라가자 촘촘한 별무리가 펼쳐졌다. 캄캄한 하늘에 무수히 많은 모래처럼 뿌려진 별빛, 또 다른 마법이다. 어렸을 때 산속에서 봤던 밤하늘이 생각났다.

'이렇게 별이 많았던가.'

우주에서 보는 은하수는 꼭 빛구름처럼 활짝 피어올랐다. 희미하지 않고 꽤 또렷하게.

'그런데 별들이 반짝이질 않아. 그냥 오래전부터 거기 있었다
는 듯 조용히 빛나고 있어.'

〈반짝반짝 작은 별〉 동요는 다시 써야 한다. 별은 전혀 깜빡이지
않는다. 드넓은 하늘에 틈새 하나 없이 가득한 별 모래.

생전 처음 보는 휘황찬란한 밤하늘에 빠져드는 것도 잠시, 곧 해가 떠오른다. 작은 빛줄기가 쑤욱 올라오면서 지구 표면 저 끝자락부터 햇살로 물들여간다.

해뜰 무렵 지구는 마치 다이아몬드 반지 같다. 그리고 낮이 시작되면 눈부신 빛에 고개 숙여야 한다. 고개를 돌려도 주변이 온통 환하니까. 그나마 눈길을 줄 수 있는 것은 저 너머 구슬 같은 별뿐.

'저렇게 푸른빛도 있네? 꼭 토파즈 색처럼 보여.'

지금껏 봐왔던 수많은 사진과 영상 속 지구는 모두 가짜였다.

우리 별은 사람의 솜씨로는 도저히 보여줄 수 없는 빛깔이다. 그 위에 온갖 색상의 육지와 에메랄드빛 바다, 티끌처럼 작은 구름이 가득했다. 멋진 태풍의 눈도 바라보고 싶었지만 때가 때인지라.

지구와 우주가 만나는 선을 자세히 들여다봤다. 얇은 막이 둘러싸고 있는 듯 보였다. 처음 이 광경을 본 유리 가가린은 이렇게 말했다.

"신부가 베일을 걸치고 있다."

또다시 석양이 저물고 있었다. 나는 무의식처럼 의자를 조금씩 뒤로 물렸다.

'조금 더 보고 싶어.'

이런 내 맘을 아는지 모르는지 태양은 서둘러 어둠 속으로 사라졌다.

러브
바이러스

여행지에 커플이 많다는 것은 색다른 즐거움이다. 일단 분위기가
꽤 로맨틱해지고 왠지 모르게 낭만적인 공기가 흐른다.

별빛 가득한 어둠을 등지고 서서 서로에 취한 듯 눈이 하트뿅뿅
한 연인들은 거리낌 없이 사랑 호르몬을 내뿜는다.

달달함은 바이러스처럼 좁은 공간에서 빠르게 퍼져나갔다. 그
럴수록 함께 어울리기보다 어디론가 슬며시 사라지는 사람들이
늘어갔다.

"달콩아, 어디 가서 괜찮은 사람 있으면 콱 물어와!"

문득 어느 허영심 많은 왕비의 이야기가 떠올랐다.

왕비는 자신의 딸이 세상에서 가장 아름답다고 여겼다. 그 자부심이
어찌나 대단했던지 바다의 정령까지 약 올렸고, 인간의 미모 자랑질
에 열받은 포세이돈 신은 바다 괴물을 풀어 괴롭혔다.
애꿎은 공주는 바닷가 암벽에 쇠사슬로 묶인 채 괴물의 먹잇감이 될
처지가 되었다.
때마침 지나던 용사님이 공주를 구해내 행복하게 잘 살았다.

〈그리스 신화〉에 나오는 사랑 이야기는 대부분 새드 엔딩인데,
안드로메다와 페르세우스의 사랑만은 유별나다. 결과가 어쨌든
안드로메다가 얼마나 예뻤기에 다들 보기만 하면 넋이 나갔을까.
'정신줄을 안드로메다에 두고 왔다'는 말이 이래서 나왔겠지?
여기 있는 연인들, 하늘을 나는 말에 올라탄 용사의 모습과는 전
혀 거리가 멀지만, 아름다운 안드로메다 공주도 없지만, 그들은 마
치 용사와 공주님이 된 것처럼 격하게 사랑했다.
함께 지켜보던 노부부가 말했다.

"좋을 때네요. 우리도 저런 시절이 있었죠."

"사랑에 빠지면 상대방이 실제보다 더 멋지게 느껴지니까요."

"한마디로 눈에 뭐가 씌었던 거죠. 우리도 그랬죠?"

"아, 아니! 난 지금도 당신이 사랑스럽다오."

정말 그럴까? 서로를 실제보다 더 멋지게 착각하고 있단 말에 조금 기분이 풀렸다.

내 속을 살살 긁고 있는 저 연인들, 언젠가 마법이 풀리면 내심 놀라겠지. 그래도 저 병에 걸려보고 싶다. 때론 가슴 아플지라도.

"사랑하면 늘 가슴 아파. 그 고통을 벗어나려면 힘들지만, 설렘을 잊을 수 없어 또다시 사랑에 빠져들지."

이 말을 했던 그 사람, 지금쯤 또 다른 사랑을 찾았으려나?

저 멀리 안드로메다는 희미한 미소를 짓고 있었다. 지구에서는 뿌연 구름처럼 보이겠지만, 여기서는 지나던 정령도 시샘할 듯 매력적으로 빛났다.

살찐 것이 아니야!

'이것도 환불이 될까?'

아침부터 시작이 안 좋다. 새로 사 온 근사한 슬림핏 라운드 티가 찢어졌다. 잠깐 기지개를 켰을 뿐인데. 넉넉하진 않아도 분명히 약간의 여유가 있었다.

찢어진 겨드랑이는 활짝 웃고 있었다.

가만 생각하니 요즘 들어 점점 옷들이 안 맞는다. 평소 헐렁했던 티셔츠가 딱 맞질 않나, 타이트한 것은 입기조차 버겁다.

'또 살쪘나?'

체중계가 없으니 도통 알 재간이 없다. 그저 눈대중으로 짐작하는 수밖에.

거울을 보면 얼굴은 보름달이 된 지 오래다. 그건 자연스러운 현상이려니 여겼다. 지구로 돌아가면 가라앉는다고 해서 안심했다.

'너무 먹기만 하고 빈둥거렸나? 운동이 부족하긴 하겠지. 오늘부터 다이어트를 시작할까?'

오트밀이 있나 찾아봤으나 메뉴에 그런 거는 없었다.

혹시나 해서 가져왔던 긴팔 후드티를 입고 나섰다. 조금 덥긴 해도 이 옷이 그나마 헐렁해서 편했다.

문득 체력단련실에 체지방 측정기가 있음을 떠올렸다. 무게는 잴 수 없지만, 체지방을 알면 짐작이 될 듯싶었다. 얼마나 쪘을지 궁금해졌다.

'뭐야? 똑같잖아!'

적당히 통통했던 나의 지방들은 그대로였다.

'그럼 근육이 늘었으려나?'

절대 그럴 리가 없다. 우주에선 근육이 빠지면 빠졌지, 더 늘어나지는 않는다. 결국 어디선가 줄자를 구해왔다. 허리, 가슴, 엉덩이 둘레까지 죄다 쟀다.

'맙소사!'

뭔가 잘못 잰 거 아닐까 싶어 두 번 재고, 세 번 쟀다. 가슴둘레는 1인치, 허리는 무려 2인치 늘었고 엉덩이는 오히려 조금 줄었다.
내게 무슨 일이 생겼는지 걱정돼서 의무실을 찾아갔다. 그런데 돌아온 대답이 다소 어이없다.

"전혀 아픈 데 없어요. 그게 정상이랍니다."
"아니, 몸이 이렇게 통통 붓는 게 정상이에요?"

"대신에 빠진 곳도 있잖아요?"

사람은 따지고 보면 커다란 물주머니란다. 지구에서는 체액이 자연스레 아래로 흐르지만, 여기서는 그러지 않고 제자리에 머문다.

상체로 체액이 쏠리다 보니 날이 갈수록 붓는 것처럼 여겨진다. 반대로 허벅지와 종아리는 쭈글쭈글 탄력을 잃는다.

살찐 게 아니라, 물 때문에 팅팅 부풀어 오르다니….

'내가 복어야?'

살펴보니 바지는 헐렁해졌다. 상체 부실, 하체비만인 사람에게는 희소식이겠다. 볼록 나온 내 아랫배는 조금 위로 올라왔을 뿐이다.

지금 막
배달 왔어요

'신김치가 먹고 싶어. 냉장고에서 오래 묵힌 김치를 꺼내 김치볶음밥을 만들고, 그 위에 동그란 달걀 프라이를 올려봐. 맛있지? 맛있지?'

어째 김치맛이 밍밍하니 싱겁다. 우주에서 먹는 것은 뭐든 맛이 살짝 부족하다.

우주에는 지구의 수많은 셰프들이 머리 싸매고 만든 메뉴들, 미리 검사를 거쳐 인증받은 것만 올 수 있다. 대부분 바싹 말린 냉동 건조식품이고 통조림처럼 뜨거운 열로 멸균했거나 방사선을 쐬어서 세균을 모두 없앤 것들뿐이다.

김치도 유산균이 변형될 우려로 미리 방사선을 쐬었으니 우주에서 더 익을 일은 없을 것 같다.

가끔 신선한 과일과 야채가 식탁에 오를 때가 있다. 이런 곳에서 생과일은 우리 몸에 정말 활력을 불어넣는다.

단, 여기에는 한 가지 조건이 있다. 신선 식품은 배달된 지 이틀 내로 다 먹어야 한다. 매주 새로운 우주선이 도착하면 잠깐 즐길 수 있는 특식 이벤트인 셈이다.

새콤한 딸기에 요거트를 뿌려 먹는 오늘만의 신선함, 최고의 맛이다.

루돌프를
구해줘

나만의 맛집을 고르는 비결이 있다.

먼저 메뉴판을 본다. 쓰여 있는 음식 종류가 적을수록 맛집일 가능성이 크다. 메뉴가 많으면 재료도 그렇고 레시피도 복잡해져서 감당하기 힘들겠지. 메뉴판 검사를 마치면 주변 테이블을 살핀다. 제일 많이 눈에 띄는 음식을 고르면 후회하기란 쉽지 않다.

그런 의미에서 우주호텔은 확실히 맛집이 아니다. 심란할 정도로 메뉴가 많다. 지난 시절, 여러 나라가 개발했던 우주 메뉴가 죄다 있었다. 온갖 치즈, 육포, 수프, 빵, 과자, 견과류, 땅콩버터, 딸기 잼 등등.

　메뉴판을 자세히 들여다보자.

　기대했던 큼지막한 스테이크나 돈가스는 보이질 않는다. 미국 우주비행사들이 즐겨 먹던 새우 칵테일과 버터 쿠키, 그리고 피자와 타코도 눈에 띄었다.

　러시아는 전통 수프인 '보르시(Borsch)'가 돋보였다. 캐비어도 눈에 들어왔다.

　일식은 스시, 양갱, 라멘이 보였다. 스시는 도대체 어떻게 해왔을까?

　중식에는 궁보계정(宮保鷄丁), 어향육사(鱼香肉丝), 팔보반(八宝饭)과 유산슬, 후식으로 몇 가지 차(茶)가 있었다.

　우리나라가 만든 메뉴도 보였다. 전주비빔밥, 양념치킨, 김치, 볶음김치, 고추장, 된장국, 라면.

　난 고기가 들어간 얼큰한 보르시에다 새우 칵테일을 곁들여 먹는 게 제일 좋았다.

재미있는 것은 스웨덴 음식이다. 무려 순록 육포가 떡하니 추천 메뉴였다.

'크리스마스 루돌프가 순록 아니었나?'

북유럽 초원을 거닐던 순록 떼가 벼락을 맞아 모두 죽은 사진과, 그걸 죄다 훈제해서 육포를 만들던 사진이 떠올랐다. 이번 크리스마스에 산타할아버지 선물은 아마 못 받지 싶다.

"뭐 어때! 썰매 끌어줄 순록은 잔뜩 있을 거야. 그치, 달콩아? 너도 순록 육포 좀 맛보렴."

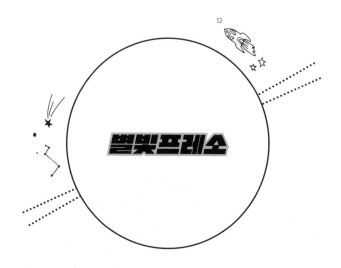

별빛프레소

놀랍게도 이곳에는 에스프레소 머신이 있다. 후식으로 에스프레소 한 잔은 행복이다.

도대체 누가 이런 걸 만들었나 살펴봤다. 오래전에 이탈리아가 많은 돈을 들여서 개발했다나? 그들의 에스프레소 사랑은 남달라 보인다. 커피 없으면 못 사는 사람들 같으니.

라바짜 마크가 선명한, 투박한 에스프레소 머신에서 액체가 보글보글 끓으면서 얇은 팩에 방울방울 커피가 고인다.

"캡슐 커피지만 이게 어디냐?"

난 컵이 있다는 사실에 또 한 번 놀라고 말았다. 납작한 열대어처럼 생긴 유선형의 무중력 커피컵은 근사한 손잡이에 받침대까지 있었다. 우주에서 빨대가 아닌 컵으로 음료를 마실 수 있다니.

해가 저문 한가한 어느 아침(?), 머리 위 전망창에서 빛나는 도시의 야경과 별빛을 바라보며 한 모금 살짝, 또다시 한 모금. 지금 이 순간은 다시 땅 위에 선 듯한 향기를 맡는다.

"고마워, 이탈리아노!"

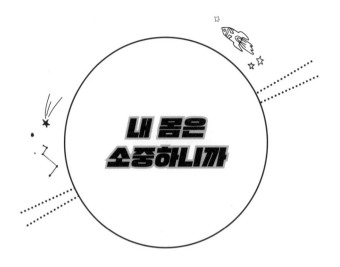

내 몸은
소중하니까

남들 다 먹는다는 건강보조제를 챙겨서 먹어본 적이 있다.

피부는 소중하니까 비타민C, 눈이 나빠지기에 루테인, 맑고 깨끗한 피를 만들어준다는 오메가3, 먹어두면 보약이 될 거 같은 종합비타민까지…. 하나씩 쌓이니 그것도 한 움큼이었다.

어떤 이는 몸으로 느껴진다지만, 내게는 효과가 있는지 없는지 통 알 수 없었다. 먹어도 그만, 안 먹어도 그만 같아서 먹다 말았다. 생각날 때는 또 사서 먹으면 되지 싶었다.

그런데 여기서는 왠지 뭐라도 먹어야 할 것 같은 기분에 휩싸였다. 멸치 볶음으로는 부족할까 봐 칼슘 듬뿍 담긴 영양제를 챙겼다. 다른 이들도 이것만큼은 꼭 먹었으니까.

수면제도 가끔 필요했다. 의무실에서 처방을 받아야 했지만 적어도 절반 넘는 사람들이 매일 수면제를 찾았다. 정말 제때 잠자기 힘든 곳이라 어쩔 수 없었다.

그리고 가끔 밀려오는 편두통!
머릿속에 바늘이 들어 있는 듯 콕콕 쑤셨다. 의무실에 가서 약을 받았는데 '안압감소제'였다. 얼굴과 함께 내 소중한 안구까지 부풀어서 그렇다나? 안압이 올라가서 뇌를 압박하고, 편두통까지 생긴 것이다.

매일 운동 두 시간에 더해서 호르몬제와 단백질 보충제는 필수였다. 균형을 잡기 어려울 때는 '혈압상승제'까지. 흔히 나오는 메뉴, 아니 약품들이다.
의무실 담당자가 말했다.

"혹시 어지럼증이 생기면서 몸을 가누기 힘들거나, 눈앞이 흐려지며 잘 안 보일 때는 빨리 오셔야 합니다."

　우주에 오래 머물다 보면 희한한 병이 생길 수 있다. 심하면 눈
이 멀거나 균형감각을 잃고 휘청거리게 된다. 폐소공포증 같은 트
라우마가 생기면 위험하다고 했다.
　아주 오래 있으면 뇌에 이상이 생길 수도 있지만 여행 한 번쯤으
로는 괜찮을 거라 했다.

　'괜찮을 거라니? 안 괜찮을 수도 있다는 말이네?'

　장기간 체류해야 하는 승무원들은 더 심각했다. 매달 방사선 피
폭 검사까지 한단다. 무시무시한 동네다. 오래 있다가는 뭔 일이라
도 생길 것만 같다.

　'진짜 한 달은 괜찮겠지?'

외출은
조심스럽게

손목에 찬 계기판을 슬쩍 봤더니 산소가 거의 바닥이다. 삑삑거리는 경고음이 헬멧 안에 시끄럽게 울려 퍼지더니, 이윽고 숨이 차오르며 헉헉…. 눈앞이 흐려지면서 서서히 의식을 잃어간다.

"이봐, 빨리 이쪽으로!"

누군가의 억센 손에 이끌려 안쪽으로 들어선다. "쿵" 하는 소리와 함께 문이 닫히더니 세차게 가스 같은 게 뿜어진다. 그제야 헬멧을 열고 말한다.

"휴, 살았네!"

영화에서 많이 본 듯한 장면이다. 만약 진짜로 저런 상황을 겪게 되면 우주비행사는 어떻게 될까?

우주호텔에는 '진짜 우주복'이 진열되어 있다. 영화 속에 나오는 것과 실물은 직접 보면 차이가 크다. 우주선 안에서만 입는 옷을 옆에 놓고 보니 정말 귀여울 지경. 둘 다 우주에서 입으니까 우주복이 맞긴 한데 하나는 실내복, 다른 하나는 외출복이다.

오늘은 흥미로운 일이 있었다.
승무원들이 호텔 바깥에 작업차 나가야 했다. 다들 신기한 볼거리에 모여들었다. 외출용 우주복은 옷이라기보다는 차라리 우주선에 가까웠다. 한 벌로 구성된 것이 아니라, 세 벌을 차곡차곡 겹쳐 입어야 했다.

제일 안에 쫄쫄이 비슷한 옷을 입는다. 뭔가 엄청난 기능이 잔뜩 있다고 했지만, 내 눈에는 그저 두꺼운 전신 수영복 같아 보였다. 그 위에 '체온 조절복'이라는 생소한 옷을 걸쳐 입는다. 그물처럼 촘촘히 짜인 호스가 온몸을 휘감고 그 속으로 물이 흐르면서 몸을 식히거나 데워준다고 한다.

설명을 듣다 보니 조금 이상했다.

"우주 공간은 영하 150도까지 내려갈 텐데 열을 식혀줘요?"

우주복은 마치 진공 텀블러와 같다고 한다. 공기가 없으니 열을 전달할 매질이 없다. 그래서 바깥의 열기와 한기가 금세 내부로 전해지지는 않는다. 대신에 문제는 내부의 열기를 식혀주는 것이다. 사실 우리 몸은 뜨거운 난로랄까? 밀폐된 좁은 우주복에 갇히면 계속 체온이 쌓이고 숨 막힐 정도로 더워지니 냉각수가 필요하다.

마지막으로 우리가 흔히 본 우주복을 입는다. 아니, 탑승한다는 표현이 맞을 것 같다. 등에 커다란 입구가 있어서 그냥 올라탄다. 열린 등짝에는 산소탱크, 이산화탄소 정화장치, 온도조절장치…, 별의별 복잡한 기계가 잔뜩 달려 있다.

우주복을 다 입었다고 바로 바깥으로 나갈 수 없다. 에어록에 들어가서 30분 넘게 압력을 낮추는 감압이란 과정을 거쳐야 한다.

"감압하지 않고 그대로 나가면 어떻게 돼요?"

아무리 튼튼한 재질의 우주복이라도 밖에 나서자마자 풍선처럼 빵빵하게 부풀어 움직일 수 없다. 감압하다 자칫 잘못하면 혈액 속 질소가 기포화되는 잠수병에 걸릴 수도 있다.

한참을 지난 뒤에야 문이 열렸고, 우주인들은 손을 흔들며 서서히 어둠 속으로 사라져갔다. 아마 그들은 돌아와서도 똑같은 과정을 거쳐야 할 것이다.

'우주니까 망정이지 지구에선 저 옷 입으면 꼼짝도 못하겠다.'

듣자 하니 우주복은 무게가 100kg이 훌쩍 넘는다고 한다. 우주복 안에 마실 물과 간단한 음식도 들어 있다. 예전에는 소변통까지 있었지만, 요즘은 기저귀로 대신한다. 뭐든 간단한 게 좋으니까.

'우주유영 체험을 바로 신청해봐?'

우주복 입고 바깥을 산책하면 정말 잊지 못할 추억이 되겠지만, 망설여진다.

아참! 아까 영화에서 많이 본 듯한 장면이라고 하면서 했던 질문, 바깥에서 돌아와 급하게 헬멧을 열어젖힌 우주비행사는 진짜라면 어떻게 될 것 같은가? 실제로 그랬다면 죽었을 것이다. 그것도 온몸이 찢어지는 듯한 고통 속에서.

술
한 잔쯤이야

경쾌한 라틴 음악이 흐르는 노천카페, 자연스럽게 춤을 추는 사람들. 그런 분위기에 취해 술잔이 오간다.

누가 그랬더라? 몰디브 가서 마시는 모히또 맛이 그렇게 좋다고.

술에 빨리 취하는 체질이라 즐겨 마시지는 않지만, 어쩐지 창밖을 바라보면 한 잔쯤 해야 할 듯한 기분이 든다.

알코올이 혈관을 따라 심장으로 흐르고 따뜻한 기운이 온몸을 휘감으면 수줍은 듯 뺨이 선홍색으로 물든다. 그러곤 뇌에 이르러

무의식을 풀어준다. 자, 거기까지. 너무 많은 알코올은 오히려 독이 되니까.

비행기 탈 때마다 술을 마시면 금세 얼굴이 빨개졌다. 기압이 낮아서 쉽게 취한다는 이야기를 듣곤 다시는 마시지 않았다.

'우주에서 술을 마셔도 그러려나?'

참 걱정이 많다, 나란 존재.
그보다 술이 있는지부터 알아보는 게 먼저다. 비록 제대로 된 병에 담기지도 않고, 그럴듯한 잔도 없고, 향기도 맡을 수 없지만, 그래도 와인이 있었다. 맥주와 독한 보드카, 코냑도 있었다.

술은 인간의 역사와 함께한다. 글자가 만들어지기도 전부터 존재했으니까.
고대인들은 하루의 끝자락에 모여 앉아서 다 함께 술을 마시지 않았을까? 서로의 마음을 나누고 밤하늘을 바라보면서 신비로움을 만끽했을 것 같다.

난 와인 한 잔이 그리웠다. 와인을 홀짝이며 멀리 푸른 지구의 아름다움에 취하고 싶었다.

미국 사람들은 우주에서 술 마시는 데 매우 인색했다고 한다. 처음에 몇몇 우주인이 술을 마셨다가 혼쭐이 났다. 그 뒤로는 술이 금지되었다.

반면에 러시아 사람들은 정말 술을 사랑하는 이들이다. 소련 시절, 우주정거장에 가면 으레 술을 대접했다고 한다. 물론 매일 마신 건 아니고 특별한 날에만 몰래 감춰둔 술병을 꺼내 함께 나눴다. 주로 보드카와 코냑이었다는 소문이다.

우주호텔은 지구와 똑같은 온도, 기압이다. 무중력이란 것 이외에는 별다를 바 없다. 술을 마시면 취하는 건 똑같다. 아니, 사실은 얼굴이 좀 더 빨개진다. 하지만 그게 전부다.

이윽고 술을 마실 기회가 생겼다. 난 스스로를 축하하기 위해 샴페인을 찾았지만 없었을 뿐이고, 그냥 레드 와인으로 대신했다.

고즈넉이 가라앉은 진한 체리색 석양을 바라보며 살짝 입안을 적셨다. 투명한 팩을 슬며시 들었다.

'창밖 노을빛과 색이 똑같아!'

작은 스피커에서 흘러나온 음악을 안주 삼아 와인을 홀짝였다.
석양을 연거푸 두 번이나 지켜볼 동안이나 나의 흥겨운 파티는 계
속되었다.

내일은 머리 아플지라도, 지금 이대로가 좋아.

태풍이 불어오는
배꼽 호수

다들 한 번쯤 멋진 몸매를 꿈꿔본 일이 있을 것이다.

매년 1월, 7월은 피트니스 클럽에 사람들이 몰린다고 한다. 여름 피서지에서 늘씬한 몸매를 뽐내거나 방학을 맞아 몸 관리를 하기 위해서다.

나 역시 설레는 맘으로 피트니스에 등록한 경험이 있었다. 그런데 요금이 조금 이상했다. 1개월 7만 원, 3개월은 15만 원, 6개월 24만 원, 이런 식?

월별로 따져보면 한 달 회원권이 훨씬 비싸고 심지어 한 달 코스는 아예 없는 곳도 많았다. 그래서 6개월 코스로 등록하나 마나 매번 망설여야 했다.

'내가 피트니스 회원권 끊었던 적이 몇 번이나 있더라? 그리고 한 달 넘게 꾸준히 나갔던 기억은?'

이곳에서는 한 달간 반강제로 헬스를 해야 한다. 물론 귀찮아서 하기 싫다면 그래도 된다. 여긴 호텔이지 감옥이 아니니까. 다만 뒷일을 감당하기 힘들 뿐이다.

"근육량과 골밀도가 또 떨어졌습니다."
"네? 그게 무슨 말이죠?"
"우리 몸은 의외로 간사하거든요. 무중력에서 힘쓸 필요가 없으니까 거기 맞추는 거예요."

매주 검진을 받으면서 몸 상태를 체크해왔는데, 나날이 떨어지는 수치를 보여주며 승무원이 걱정스레 말을 건넸다. 운동하지 않으면 골밀도는 매달 1%씩, 근육량은 보름마다 20%나 줄어든다고 바짝 겁을 줬다.

"어흥! 운동 안 하면 잡아먹을 테다."

막 이랬다.

매일 두 시간씩이라니, 한 시간도 지겨워서 피트니스 클럽도 다니다 만 나다. 그나마 흥겨운 음악에 사람이 많아야 운동할 맛이 날 텐데, 여긴 기구도 몇 가지 없고 비좁다.

다행히 운동 순서는 꽤 간단했다. 먼저 트레드밀, 그다음에는 사이클, 마지막으로 벤치 프레스 머신이다. 난 헬스 기구를 보면서 두 가지를 떠올렸다.

'무중력에서의 운동이라니, 정말 우주스럽네.'

여기 오기 위해 사전 교육을 받기 전까지만 해도 운동을 중력과 연관시켜 생각해보지 못했다. 그러나 걷기와 달리기, 온갖 근력 운동은 죄다 중력이 없으면 의미가 없다.

이곳에서 편하게 자유를 만끽하던 내 몸의 근육들, 등세모근과 다리근육 할 거 없이 계속 농땡이 피우도록 놔둘 수는 없었다.

두 번째는 '왜 골밀도까지 떨어졌지?'다.

사람이 우주에 오래 머물면 근육량이 줄면서 뼛속의 칼슘도 같이 빠져나간다고 한다. 골밀도가 계속 떨어지면 골다공증에 걸리기 쉽다. 그래서 사이클에 앉아 30분째 페달을 돌리고 있다. 이건 그나마 익숙했던 모습 그대로다.

트레드밀은 몸을 줄로 꽉 매달고 바닥을 밀어내야 한다. 걷는 게 아니라 밀어내는 게 맞다. 벤치 프레스는 무거운 추 대신에 바를 밀고 당기는 운동이다. 부상이 적은 장점이 있지만, 편하게 쉬고 있던 허리뼈가 갑자기 놀라지 않게 조심해야 한다.

운동하니 땀이 의외로 많이 났다. 여기서 땀은 흐르는 것이 아니다. 몸 곳곳의 조그만 골짜기마다 모여 작은 호수를 이룬다.

나의 턱밑에 작은 시냇물이 졸졸 흐르고
배꼽 호수는 태풍이 몰아친 듯 넘실거린다.
눈가의 계곡에는 투명한 구슬이 맺히더니,
이윽고 둥실 떠올라 어디론가 향하네.

운동을 끝내니 끈적거리는 땀방울이 온통 송글송글 맺혔다.
내 몫의 남아 있는 물을 바라보곤 씻을까 마실까 잠시 고민했다.

"오늘은 그냥 몸을 닦지 말고 다 마셔야겠어."

뭐 어떠한가? 다들 코가 막혀서 냄새도 못 맡는데.

그날 밤, 달콩이가 소금 맛을 탐닉한 탓에 나는 간지러워 몇 번이나 잠에서 깼다.

오로라를 찾아서

"달콩아, 이것 좀 봐. 너무 예쁘지?"

달콩이가 물끄러미 창밖을 바라보았다. 출렁거리는 연녹색 커튼이 달콩이의 시선을 사로잡았나 보다.

'응, 그렇네. 아름다워!'

이렇게 말하는 듯했다. 하지만 걔는 저 미묘한 색깔을 볼 수 없겠지.

'오로라는 어디에서 왔을까?'

오래전에 누군가 북극의 오로라를 찍어왔다. 사진의 꽃은 겨울 사진, 그중에서도 몹시 추울 때의 설국 사진이다.

"오! 어디에서 찍으셨어요?"

책에서만 봤던 하얀 겨울의 오로라를 보면서 다들 찬사 일색. 그곳의 추억까지 함께 나눴다. 그땐 그랬다.
지금은? 이제는 화젯거리도 안 된다. 캐나다, 노르웨이, 핀란드, 남극까지 각지의 오로라 사진이 종류별로 다 있다.

오로라는 태양에서 불어오는 방사능으로부터 만들어진다. 눈에 보이는 것처럼 우주가 텅 빈 곳은 아니다. 온갖 방사능이 넘실대는 조금 위험한 공간이다.
밤하늘로 접어들면 극지방 주위에서 오로라가 넘실댔다. 찬란한 보석처럼 빛나는 지상의 도시들, 그 위에서 물결치는 빛의 향연이 때로는 두렵게 느껴졌다.

난 추위에 덜덜 떨지 않고 따뜻하게 오로라를 사진에 담았다. 아무나 보기 어렵다는 남극의 오로라를 힘 하나도 안 들이고, 아장아장 펭귄 대신에 허우적거리는 멍멍이를 모델로 말이다.

다음은 북극 차례다. 북극의 오로라는 꼭 빛기둥처럼 보인다. 지구에서는 물결치는 연녹색으로 보이지만 여기에서는 연두색, 파란색을 거쳐 보랏빛으로 펼쳐진다.

"지구에서 오로라 보려고 추위에 떠시는 분들, 힘내세요!"

여긴 따뜻하다.

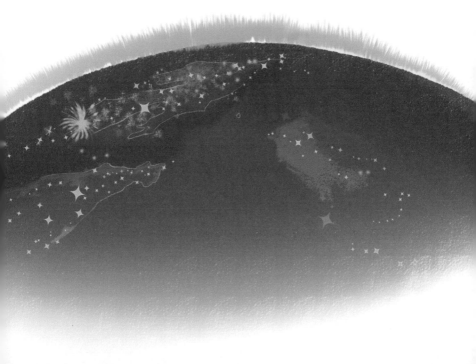

감자 별을
지켜줘

이곳에 와서 하릴없이 빈둥거리며 우주 구경만 한 것은 아니다. 나만의 여행기도 작성하고 달콩이 관찰 일지도 썼다. 그래도 이건 개인적인 차원의 일이라 뭐라도 기념될 만한 것이 있어야 하겠기에 나는 특별한 취미 생활을 즐기기로 했다.

'감자 키우기.'

거창하게 씨감자를 심어서 꽃피우고 감자를 수확하자는 게 아니다. 그냥 소소하게 감자 한 톨에 싹만 틔울 작정이다. 왜 감자냐고? 〈마션〉의 맷 데이먼 따라잡기! 우주 하면 감자 아닌감.

일단 둥글둥글 잘생긴 감자 하나를 골랐다. 날씬한 고구마와 쭉쭉빵빵 당근이 유혹했지만 어림없지. 물컵에 물을 붓고 감자를 담가서….

'아차, 여기선 컵에 물을 부어놓을 수 없는데 어쩌지?'

결국 팩에 물을 충분히 적신 스펀지를 넣어두고 감자를 담갔다. 그런 뒤 후미진 창가에 걸어두고 메모지를 붙여놓았다.

'나의 작은 소행성을 보호해주세요!'

틈날 때마다 스펀지를 물에 적셔주며 기다렸다. 일주일, 이주일…, 시간이 흘러도 싹이 나질 않았다.

'소중한 물까지 나눠줬는데.'

속상했다. 나는 참다못해 승무원에게 도움을 청했다.

우주호텔에는 작은 수경 재배실이 있다. 뭔가 그럴듯한 시설은 아니고 꼭 냉장고처럼 생긴 기계다. 여러 식물 종자를 컵 비슷한 용기에 담아 키운다. 상추, 겨자, 그리고 회향 꽃이 자라고 있었다. 상추나 겨자는 가끔 뜯어서 먹었는데, 삭막한 우주에서 초록 잎사귀를 보는 것은 무척 큰 즐거움이었다. 관상용 식물들은 의외로 무럭무럭 잘 자랐다.

나는 승무원에게서 얻은 특별한 젤(영양분이 고루 들어 있는)을 감자에 아낌없이 쏟아부었다. 혹시 몰라서 햇볕이 더 잘 드는 곳으로 옮겨놓고 사람들에게 양해를 구했다.

다시 일주일이 흘렀다.
여느 때처럼 아침 산책을 나서다가 보니 드디어 감자에 싹이 올라왔다. 어찌나 흥분되던지, 펄쩍 뛰어오르다가 천장에 머리를 부딪혔다. 생명의 기쁨에 비하면 그깟 혹이 대수랴.

감자는 이제 어엿한 소행성이 되어 내 주변을 떠돌고 있다. 어린 왕자의 별처럼 세 줄기 큼지막한 싹이 바오밥 나무가 되어 소행성을 감쌌다. (사실은 모양을 내기 위해 다른 싹을 잘라낸 탓이다.)

나는 듬직해진 감자 별을 풍선처럼 끌고 다녔다. 한 손엔 달콩이, 다른 손에는 소행성.

'너의 이름은 소행성 P-612란다. 포테이토 612호!'

어느덧 내 작은 별은 일상이 되었고 여러 사람이 감자와 함께 사진을 찍곤 했다. 그럴수록 달콩이는 질투의 여신으로 변해갔다.
나는 지구로 돌아갈 때 감자 별을 우주에 내놓을까 고민했다.

'더 클 수는 없지만 수십 년은 지구 주위를 빙빙 돌면서 어엿한 소행성 행세를 하겠지?'

그런 상상에 마음이 설렜다. 어느 날, 지구에서 날아온 대마왕이 감자 별을 짓밟기 전까지….

'못된 댕댕이 같으니라고!'

영화 속 우주와
진짜 우주

경험해본 것은 누구나 떠올리기 쉽다. 이를테면 '수평선 너머로 가라앉는 석양'이라 하면, 진홍색 태양이 구름과 바다를 물들이며 서서히 사라지는 모습을 연상할 것이다.

하지만 한 번도 보지 못한 풍경을 상상하기란 참으로 어렵다.

그래서일까? 우주는 우리가 알고 있던 이미지와 사뭇 달랐다. 우주에 나와본 사람이 극히 드물어, 다큐멘터리나 영화에서 보여준 가상의 풍경으로 지레짐작해야 했으니까.

우주는 생각보다 조용하고, 빠르며, 가까웠다. 어떤 이는 낯설고 새로운 우주의 모습을 사진에 담느라 바빴다. 자기 얼굴보다 커다란 렌즈를 들고서.

나는 작은 미러리스 디카를 가져왔다. 폰카로 찍으면 어째 부족할까 걱정돼 챙겨왔는데, 막상 찍어보니 폰카나 작은 디카나 거기서 거기였다.

좋은 카메라로 찍으면 아무래도 모습이 제대로 담기겠지 싶겠지만, 창밖의 살아 움직이는 듯한 감동은 전할 수 없었다. 그런 면에선 동영상이 확실히 나았다. 그리고 창문으로 비친 모습이 아니라 직접 밖에 나가서 찍는 게 훨씬 낫고.

우주를 처음 정복했던 사람들은 러시아인이지만, 우리가 봤던 우주는 대부분 미국인들이 보여준 것이었다. 미국인들은 과장이 조금 심하다. 쉽게 말하자면 꽤 그럴싸하게 포샵질을 했단 말이다.

진짜 우주와 비슷한 느낌을 주는 영화를 찾아보았다. 일단 미국 영화는 죄다 스킵.

'얘네들 정말 뻥이 심하네. 우주가 바다야?'

평론가들이 극찬했던 대부분의 영화 속 우주도 허구에 가까웠다. 막연한 상상만으로 평가하려니 그랬을 것이다.

러시아 영화 한 편이 언뜻 기억났다. 평론가 평점과 관객 평점이 크게 엇갈렸던 영화인데, 제목이 영 떠오르지 않았다.

"아! 이거 어디선가 본 듯한 풍경인데?"

기억이 선명해지는 데 한참이 걸렸다. 온갖 잡다한 기억들이 뒤섞였던 탓이다. 그 영화는 '약 빨고' 만든 게 분명했다. 스토리는 그저 그랬지만, 나오는 장면 하나하나 이곳 호텔을 현지 올 로케이션으로 찍은 게 아닐까 의아할 정도로 사실적이었다.

기억 속의 영화에서 아쉬운 점은 조금 색상이 짙다는 것뿐이다. 그리고 우주공간에서는 소리가 들릴 리 없는데 효과를 주기 위해 소리도 난다는 정도?

저 아래로 구름이 흘러가는 모습도 똑같다. 저녁이 되면 지구 주위로 얇고 투명한 막이 보이는 것도 똑같다. 우주비행사가 우주복을 입고 허공을 산책하는 모습까지 판박이다.

나는 헝클어진 기억의 미로를 헤매면서 기억 날 듯 말 듯한 제목을 떠올리려 애를 태웠다.

마침내 떠올랐다.

영화 제목은 〈살류트-7〉. 한국에서는 〈스테이션 7〉으로 개봉했고, 다른 영화에 밀려 개봉관이 엄청 적었다. 고작 2만 명이 봤을 뿐이다.

입맛은
변하는 거야

나는 매운맛을 그리 좋아하지 않는다. 매운 것만 먹으면 엄청 땀이 난다. 그나마 먹을 수 있는 매운 음식은 닭볶음탕뿐이다. 치킨은 달달한 간장 맛이나 순한 맛으로만 먹는다. 그런데 여기 와서 줄곧 매운맛 치킨을 뜯고 있다.

"달콩 씨, 나 어디 아픈 거 같지?"

스스로 이해할 수 없어 고개를 갸웃하면서도 자주 매운 치킨에

손이 갔다. 주위를 둘러보니 다들 매운 음식만 죽어라 찾고 있었다.

'왜 그럴까?'

알아보니, 사람은 무중력 상태에서 피가 상체로 많이 쏠려 얼굴과 목이 붓게 된다. 얼굴이 부으면 콧구멍 역시 좁아져 냄새 맡는 후각이 무뎌진다.

'우주에서 V라인 자랑할 생각은 말아야겠네.'

후각은 미각과 아주 밀접한 연관이 있다. 냄새를 제대로 못 맡으면 맛도 잘 못 느끼게 된다. 그래서 우주식은 간이 약간 세다. 지상에서 먹으면 짜고 매울지라도, 우주에 가서 먹으면 딱 적당하다. 무뎌진 입맛에 강한 자극을 주니까 맛있다고 여겨지는 걸까?

'어휴, 내가 이상했던 게 아니었어.'

후각과 미각의 변화는 또 다른 문제를 불러온다. 평소 좋아하는 입맛까지 바꾸어버린다. 이를테면 커피를 좋아하던 사람이 우주에 가서는 커피를 못 마시는 경우도 생긴다. 대신 안 먹던 음식이 맛있게 느껴지기도 하고, 아예 매운맛이 달게 느껴지기도 한다.

'하나도 안 매운데, 불닭볶음면이나 닭발에 도전해봐?'

매운맛에 익숙해지자 다소 엉뚱한 상상을 해봤다. 예전에 매운 닭발 먹고 입안에 난 불이 꺼지지 않아 밤새 고생했던 기억이 나서다.

다행스럽게도 불닭볶음면이나 닭발은 메뉴에 없었다.

"달콩이 너도 매운맛 좀 볼래?"

달콩이가 킁킁거리며 냄새를 맡더니, 이내 캑캑거리며 고개를 돌렸다.

'너는 그래도 코가 살아 있구나. 난 후각을 잃었단다.'

깎기는
괴로워

집으로 돌아갈 날이 얼마 안 남았다. 뭔가 익숙해질 만하니까 다시 변화가 기다렸다.

'아니지, 변화가 아니라 원래 모습으로 돌아가는 거구나.'

머리가 덥수룩해져서 답답했다.

'도대체 머리칼이 왜 이리도 빨리 자라지? 칼슘제 때문일까?'

머리를 잘라야겠는데 엄두가 안 났다. 살짝 쳐내기만 해도 머리칼이 사방으로 흩어져 날아다닐 것이다.

'달콩이 털 때문에 얼마나 골치 아팠는데….'

고심 끝에 진공청소기에 대고 잘라봤다.

지나던 승무원이 깜짝 놀라서 말렸지만 조금 늦었다. 머리칼이 청소기에 빨려 들어가면 생각보다 꽤 아프다는 사실만 깨달았다. 게다가 앞머리 한쪽이 싹둑 잘려나가서 꼴이 말이 아니다. 돌아가기 전까지는 모자를 쓰고 지내야겠다.

머리칼에 뒤질세라 손톱 발톱도 쑥쑥 잘도 자랐다. 이번에는 그나마 수월할 줄 알았다. 은색으로 빛나는 멋진 손톱깎이를 들고 콧노래까지 불렀다.

"딸깍 딸깍."

아, 이것도 어려웠다. 팅겨 나간 손톱 쪼가리를 도저히 찾을 수 없었다. 구석에서 몸을 잔뜩 웅크리고 깎았는데도, 손톱 쪼가리는 벽에 부딪혀 빠르게 사라져갔다.

 그나마 청소기를 켜놓고 깎아서 그 정도였다. 달아난 손톱 세 조각, 발톱 한 조각이 누군가의 입 속으로 들어가지 않기만을 간절히 빌었다.

 '설마 누구 건지 알겠어?'

마법의 묘약이 필요해

어느 평범한 일본인 30대 부부가 있었다. 자신감 넘치는 남편은 예의 바르면서도 과하게 남자다웠다. 뭐든 아내를 대신해 주도하려 했다.

그랬던 남자가 언젠가부터 밤마다 창가에서 홀로 한숨짓는 것이 보였다. 부부 사이에 무슨 불화라도 있는지, 이웃의 시시콜콜한 비밀에 관심이 많던 우주 여행객들은 하나둘 그에게 다가가 말을 걸었다.

나는 직접 듣진 못하고 다른 이에게서 전해들을 수 있었다.

"저, 요즘 들어 이상하게 밤마다 맥을 못 추겠어요."

먹는 게 별로여서 그런가 싶어 신경 써서 챙겨 먹어도 소용없었고, 비타민이나 칼슘 부족인가 해서 온갖 영양제를 들이부어도 마찬가지였다고 한다.

그는 고심 끝에 결국 의무실로 갔다는 후문이다. 그 무렵부터 더는 밤에 그 남자를 볼 수 없었다.

한 개도 궁금하지 않았지만, 역시 다른 이에게 건네 들은 후문이다.

"약을 처방 받았대요! 그런데 여기 온 남성 중에 똑같은 증상이 많더래요. 다들 쉬쉬했지만, 자연스러운 현상이랍디다."

듣자 하니 이랬다.

중력이 없으면 얼굴이 붓고 혈압이 낮아지는 것뿐만 아니라, 하체에 흐르는 혈류량이 줄어든단다. 남성의 자존심이라는 그것도 이런 변화를 피해갈 수 없다. 튼튼한 남자도 마치 감기처럼 흔히 겪는 일이란다.

그나마 건강하면 약을 처방 받을 수 있지만, 심혈관이 약한 사람은 그마저도 못한다. 이래저래 우주에서 사랑을 나누기란 쉽지 않은가 보다.

일본인 부부는 차츰 활기를 되찾았고, 그 뒤 아내가 더 적극적으로 나서서 여행을 즐겼다. 남편은 다른 남자들과 마주칠 때는 쑥스러운 듯 미소 지었지만 다들 얼굴 한구석에 씁쓸함이 스쳐갔다.

신과 함께하는
우주는 배고프다

이 이야기는 함께 온 어떤 아저씨에 관한 내용이다.

우리 일행 중에 멋진 콧수염의 아랍 사람이 있었다. 우주여행이 시작되면서 다양한 나라, 인종들이 우주로 나왔다. 그중에서 가장 많았던 부류는 역시 미국인, 그다음이 의외로 아랍인이다. 중국인이나 일본인도 적지 않았지만, 아랍 부자들이 더 많았다. 아랍 '잘 알못'인 내게 그들의 우주생활은 흥미로운 관심사였다.

아랍인은 대부분 엄격한 율법을 따르는 무슬림이다. 무슬림이 우주에 나오면 사소하지만 여러 불편을 감수해야 한다.

먼저 예배.

그들은 매일 메카를 향해 몇 번씩 엄숙한 예배를 올린다. 우주에서 지구 어딘가를 향해 둥둥 떠다니며 기도를 해야 하는데 더군다나 이곳 우주호텔은 엄청나게 빨리 날아가고 있다.

메카의 정확한 방향을 가늠하기도 어려운데 제대로 몸을 가누기조차 힘들다. 간신히 기도를 시작해도 계속 방향이 바뀌니 난감하기 그지없다. 그래도 예배는 계속되어야 한다.

콧수염 아저씨가 슬슬 예배를 준비하면 다들 자리를 피해주거나, 또는 나처럼 호기심 어린 눈빛으로 멀리서 바라보았다. 찍찍이 슬리퍼 차림으로 메카를 향해서 때로는 천장에, 때로는 벽에 몸을 고정하려 애쓰는 아저씨를 보다 못한 이들이 도와주기도 했다. 늘 시간에 맞춰 《꾸란》 구절을 암송하며 기도하는 아저씨가 신기하면서도 대단해 보였다.

하지만 신은 아저씨에게 또 다른 시련을 내렸다.

무슬림은 먹는 음식도 율법에 따라야 한다. 돼지고기 같은 음식은 금기다. 다른 고기도 먹기 전에 꼭 무슬림 율법에 맞게 처리되었다는 표시인 '할랄' 마크를 확인해야 했고.

이게 전부가 아니다. 여행 기간이 하필 라마단과 겹친 것이다.

라마단 기간 동안 무슬림은 해가 뜬 시간에는 어떤 음식도 먹을 수 없다. 새벽 네 시경부터 저녁 여덟 시 정도까지? 물도 못 마신다. 그러니 낮에는 될 수 있으면 육체 활동을 자제하고 에너지를 아껴야 한다. 무슬림이 하필 그런 중요한 시기에 여행 오다니.

아이러니한 것은 이곳에서는 낮이 고작 46분만 이어진다는 점이다. 넉넉잡아서 한 시간을 버티면 30분씩 캄캄한 밤이 된다. 즉 장시간 굶지 않고 틈틈이 밥을 먹을 수 있다는 뜻이다.

'이런 우주적 축복을 놓고 율법 해석이 달라질 수 있겠지. 메카 방향은 시시각각 바뀌지만, 밥은 수시로 먹을 수 있다?'

그러나 고지식한 콧수염 아저씨는 지구 시간에 맞춰서 금식을 단행했다.

이곳에는 독일에서 온 독실한 기독교인, 유쾌한 히스패닉 가톨릭 신자, 외계인이 지구인을 창조했다고 주장하는 어떤 분 등등…,

다양한 종교를 믿는 사람이 뒤섞여 있다.

지구에서는 서로 박 터지게 치고받고 한다지만, 여기 오면 절대 그럴 일은 없을 것이다. 광활한 우주에서 무슨 싸움이 필요할까.

고요하고 어두운 우주에서 단 하나의 별이 따스한 푸른빛으로 우리를 보듬고 있다. 만약 저 별을 누군가 쪼개버린다면 우리는 갈 곳이 없다. 작은 배에 같이 올라탄 사람들끼리 다투기에는 지구가 좁아 보인다.

콧수염 아저씨는 기도를 끝내면 조용히 지구를 바라보고는 했다. 여러 신이 함께하는 우주는 정말 괜찮은 곳이다.

아드달 앗슈후둣 티자아립(أهل الشهود التجارب),
삶에 있어 경험이란 생생한 목격자다.

지금 이 순간에 딱 어울리는 말이다.

하늘을 거닐다 I

어렸을 때 기억이 난다.

학교를 마치고 운동장 철봉에 거꾸로 매달려 하늘을 바라보았다. 늦가을 하늘은 마치 검푸른 심연처럼 느껴졌고, 손 놓으면 끝없는 바다 속으로 빠져들 것만 같았다.

살짝 소름 돋았지만 어둡게 빛나는 뭔가가 손짓하고 있었다. 나는 그 유혹을 이기지 못하고 손을 놓았다.

"쿵."

나는 그대로 땅바닥에 내동댕이쳐졌다.

그때는 왜 그랬을까? 우리는 태어난 이후로 중력을 한 번도 이겨본 일이 없다.

지금, 여행이 무르익을 무렵, 나는 호기심 가득한 일행 앞에서 패션쇼를 시작했다.

몸에 딱 달라붙는 쫄쫄이 옷을 먼저 입었고, 그 위에 망사처럼 생긴 체온 조절복을 걸쳤다. 머리에 헤드셋을 쓰고 '스누피'처럼 보이는 모자를 썼다. 마지막으로 커다란 로봇처럼 생긴 우주복 앞에 섰다. 등 뚜껑을 열고 미끄러지듯 올라타려 했다. 그러나 혼자서는 쉽지 않았다.

"윙."

체온 조절복의 물 호스를 연결하고 장치를 켜니 물이 순환하는 게 느껴졌다. 호흡 장치는 가벼운 소리를 내며 기분 좋게 공기를 내뿜었다.

이윽고 좁은 감압실에 4명이 남겨졌다. 2명의 여행자와 2명의 승무원.

표시등이 녹색으로 바뀌고서야 헤드셋으로 음성이 들려왔다.

"앞으로 30분 동안 감압을 하니까 그대로 있어야 해요."

방 안의 압력과 함께 옷 안의 압력도 서서히 낮아졌다. 몇 번이나 귓속에서 '띵' 하는 이명이 들렸고 그럴 때마다 훈련받은 대로 침을 꿀꺽 삼키면서 버텼다.

누군가 콧노래를 부르기에 질세라 같이 흥얼거리며 기다렸다. 우주복은 바깥과 차단되어 소리가 들릴 턱이 없었다. 헤드셋이 유일한 대화 창구였다.

얼마쯤 지났을까, 표시등이 빨간색으로 점멸했다.

"오케이, 라이트를 켜세요. 안전줄 확인하시고…."

헬멧 양쪽에 붙어 있는 라이트가 켜졌는지 살피고 줄을 당겨보았다. 바깥에 나서면 몸을 돌려 자세 잡기 어려우니 여기서 꼼꼼히 확인해야 했다.

갑자기 옷이 팽팽해졌다. 감압실 안이 진공상태가 된 것이다. 옷 안쪽보다 바깥쪽 기압이 낮으니까 우주복이 풍선처럼 부풀어 올랐다. 승무원이 먼저 앞장서서 익숙한 솜씨로 해치를 열어젖혔다.

나는 용기 내어 우주를 걸어보기로 했다. 물론 잠깐 발만 담갔다가 돌아오는 것이지만.

발 닿지 않는 깊은 심연 위에 홀로 떠 있는 느낌,
수십 층 빌딩 난간에 간신히 매달려 있는 섬뜩함.

첫 우주유영을 나서면 숨 막힐 듯한 공포에 꽤 많은 사람이 포기한다고 들었다. 지금까지 호텔 창밖으로 보이는 경치만 바라봤다. 그런데 벽 너머, 어린 시절의 그 무언가가 다시 손짓했고 이번에도 나는 부름에 응했다.

멋진 우주복을 입고 지구 위에 떠 있는 사진은 좋은 기념품이다.

하늘을
거닐다 II

두꺼운 우주복 때문에 자유롭게 움직일 수가 없었다. 헤드셋에서 뭐라고 떠드는지 들리지도 않았다. 오로지 느껴지는 것은 한껏 치솟은 내 심장박동 소리뿐.

심장은 터지기 직전의 엔진처럼 "쿵쿵"거렸다. 마구 분출되는 아드레날린 때문인지 호흡이 가빠지면서 숨소리도 거칠어졌다.

활짝 열어젖힌 해치는 벽면에 뚫린 시커먼 구멍 같았다. 해치 너머론 칠흑 같은 어둠이 스며들었다. 머뭇거리며 한 발자국씩 앞으로 나갔다.

　공간과 우주의 경계선에서 다시 멈칫했다. 얼결에 허공으로 머리를 내민 순간, 말할 수 없는 오싹함과 마주했다.

'아무것도 없어!'

　다리가 덜덜 떨리면서 눈물이 나려 했다. 갑자기 지난 시간이 주마등처럼 머릿속을 스쳐갔다.

'에라, 모르겠다.'

　두 눈 질끈 감고 한 걸음 한 걸음 내디뎠다. 이쯤이려나 싶어 실눈을 살짝 떴더니….

　어둠을 뚫고 무수한 보석들이 눈앞에 펼쳐졌다. 별들은 형형색색으로 빛나며 하나하나 또렷하게 시야에 잡혔다. 이미 내가 뭘 하는 건지 망각했다. 홀린 듯 꼼짝도 않고 멍하니 바라만 보았다.

"뭐해요!"

헤드셋에서 신경질적인 소음이 들리고서야 간신히 정신을 차렸다.

무의식적으로 안전줄을 따라 천천히 나아갔다. 지구에서는 혼자 일어서기조차 어려운 무게의 우주복이지만, 커다란 풍선처럼 사뿐하게 떠올랐다.

"우와…."

몸을 돌리니 커다란 보석이 시선을 사로잡았다. 어떤 말로도 표현할 수 없고, 어떤 시로도 써낼 수 없는 사파이어가 항상 그랬다는 듯 기다리고 있었다.

'아마 이곳에 떠 있는 사람은 내가 처음이겠지?'

많은 사람이 왔겠지만, 너무 넓어서 같은 곳에 떠 있지는 않았을 거다. 아무도 밟지 않은 눈 위를 걷는 기분, 주변은 한없이 고요했다.

난 비로소 어렸을 때 상상했던 깊은 하늘 속으로 빠져들었다.

우주로
나온 아이

"임신입니다! 축하드려요."

조용했던 우주 일상에 작은 파문이 일렁였다. 홀로 여행을 온 캐나다 여성의 예기치 않은 임신 소식은 빠르게 퍼져나갔다.

들자 하니 사정이 꽤나 복잡했다. 함께 동거하던 사람과 얼마 전에 헤어졌고 이것저것 답답한 마음에 무턱대고 우주여행을 왔다고 한다.

벌써 임신 7주째란다. 여기 온 지 보름 조금 넘었으니 전 남친과의 사이에 생긴 아이인 듯싶었다.

　호텔 측은 당황한 기색을 감추지 못했다. 지금껏 단 한 번도 임산부가 우주에 왔던 일이 없다고 한다. 여기 와서 임신한 사례도 물론이고.
　승무원들은 계속 지구와 연락해서 이것저것 묻고 또 물었다.
　정작 주인공인 임산부는 의외로 담담했다. 처음에는 약간 놀란 기색이었지만, 다른 여행객들과 잘 어울리며 축하받고 위안을 얻었다.

　"저, 이 아이 낳을 거예요."
　"아기 아빠에게 연락해서 상의라도 하시죠?"
　"아뇨, 그 사람에게는 나중에 알릴게요. 반대할 게 뻔하니까요."
　"그래도… 혼자 키우는 거 괜찮겠어요?"

　그녀는 당차게 엄마가 되는 길을 택했다. 그러나 문제는 다른 곳에 있었다.

　"우주에서 태아는 위험합니다. 빨리 지구로 돌아가셔야 해요."

돌아가는 우주선은 사흘을 더 기다려야 했고, 승무원들은 그동안 임산부와 태아의 건강 문제로 안절부절못했다.

태아는 엄마 배 속에서 골격이 갖춰진다. 하지만 무중력에서는 골격이 제대로 자라지 못하거나 뼈가 약해질지도 모른다. 키도 안 자라고, 균형감각을 잃어버릴 수도 있다.

사실 의사들조차 앞으로 어찌될지 모르는 듯싶었다. 한 번도 태아가 우주에 온 일이 없었으니까.

지구로 돌아갈 때 겪게 될 압박과 중력을 태아가 잘 견뎌낼지 걱정이었지만, 어쨌든 하루속히 돌아가야만 했다.

함께한 시간은 짧았지만 우주호텔에 있던 사람들은 모두 아이와 엄마의 행복을 빌어줬다. 다들 태어날 아이 앞으로 선물을 했고, 나도 이곳에 기념으로 남겨두려 했던 작은 복조리를 건넸다. 약소하지만 행운을 기원하기에 적당하다 여겼다.

"아이가 생기니 마음이 오히려 편안해졌어요."

그녀는 떠나가는 우주선에 오르며 환하게 웃고 작별 인사를 했다. 우리 모두는 그녀와 아이가 무사히 지구로 돌아가기를 기원

했다.

· · ·

여행을 끝마치고 돌아온 지 벌써 일 년이 훌쩍 지났다. 어느 날 귀여운 아기 사진이 이메일로 도착했다.

"아기방에 복조리도 걸려 있네!"

정말 다행이다.

코끝이
간지러워

처음 우주여행 길에 오를 때, 우리는 모두 우주복을 입었다. 옷을 다 입고 헬멧을 내렸는데 갑자기 코끝이 간지러웠다. 어쩔 도리가 없어 꾹 참고 버텼다.

그럴 때는 신경을 딴 데로 돌려야 한다. 의식하면 오히려 더 견딜 수 없다. 다행히 10분 만에 우주로 나왔고, 경고등이 꺼지자 나는 허겁지겁 헬멧을 올려 코끝이 빨개지도록 벅벅 긁어댔다.

그런데 귀찮은 우주복을 우주선 안에서까지 왜 입어야 할까?

오래전에 3명의 우주비행사가 있었다. 우주선 안이 안전하리라 믿고 평상복 차림으로 탔는데, 모두 숨이 막혀 질식사한 채로 지구로 돌아왔다.

대기권에 들어서자 생긴 벽의 균열 때문이란다.

그 뒤로 우주선 안에서도 모두 우주복을 입게 됐다. 숨 쉴 수 있다는 건 정말 고맙고, 소중한 일이다.

돌아가는 길에는 미리 머리도 긁고 코도 풀어둬야겠다.

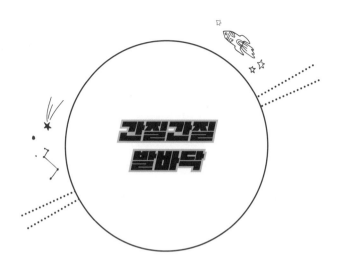

간질간질
발바닥

어느덧 6월이 되어버린 땅을 밟았다.

마치 머나먼 신대륙에서 방금 돌아온 개선장군이라도 된 것처럼, 나는 우주선의 해치가 열리자 숨을 크게 들이켜 신선한 공기를 맛보았다. 그러곤 감격스러운 고향 별에서의 첫발을 내디뎠다.

"우두둑."

처음에는 어디 부러진 줄 알았다.

온몸의 관절에서 뼈가 맞부딪치는 듯한 소리가 나면서 다리가 풀렸다. 나는 그 자리에 풀썩 주저앉고 말았다.

"여러분, 무리하지 마시고 힘드시면 그대로 앉아 계세요."

잠시 뒤 직원들이 휠체어를 가져와서 한 사람씩 실어 날랐다. 내가 휠체어 신세라니, 황당할 뿐이었다.

달콩이는 금방 적응했다. 풀어놓자 헥헥거리며 이리저리 잘도 쏘다녔다. 거추장스러운 기저귀도 빼 자연스럽게 쉬야도 맘껏 하고 말이지.

나는 한참을 앉아서 손목 발목을 풀어준 뒤에야 묵직한 몸을 일으켜 세울 수 있었다.

한 발짝, 다시 한 발짝 조심스레 내딛다가 겨우 두 발을 번갈아 움직이며 걷게 되었다. 오랜 시간 거추장스러웠던 하체가 드디어 휴가를 끝낸 셈이다. 가기 전에는 탱탱했던 다리 근육이 꽤 가늘어진 듯했다.

"아하하!"

이건 뭐지?

방금 지구로 돌아온 내 발바닥은 아기 피부처럼 매우 부드럽고 보송보송했다.

발을 내디딜 때마다 누군가 사정없이 발바닥을 간지럽히는 느낌 이었다. 때수건으로 피부를 박박 벗겨낸 것처럼 쓰라리기도 했다.

발을 제대로 딛지도 못하면서 겨우 거울 앞까지 갔다. 거울에는 보름달 대신, 초승달처럼 갸름한 얼굴이 있었다.

"쨍그랑!"

순간 놀라서 바닥을 봤더니 유리잔이 박살나 있었다. 내가 들고 있 던 잔이었다. 무심결에 우주에서 하듯이 그대로 손을 놓았나 보다.

이제야 실감이 난다.

지구로 돌아왔다.

우주여행 더
알아보기

어디서부터
우주일까?

국제항공연맹은 100km 이상의 공간을 '우주'라고 규정했다. 그리고 그 경계선을 '카르만 라인(Kármán line)'이라 부른다. 우주여행은 카르만 라인 너머로 다녀온 것을 뜻한다. 하지만 지상에서 30km만 올라가도 공기가 거의 없는 진공이나 마찬가지다.

옆 페이지 그림을 보면 우주의 높이가 실감이 날 것이다. 우주선은 200~300km가 넘는 높이를 비행한다. 우주호텔은 국제우주정거장처럼 400km 높이에 있는 것으로 했다. 그 이유는 사람이 머물수 있는 비교적 안전한 최고 높이면서 지구로 추락하지 않고 오래 있을 수 있기 때문이다.

우주여행의
종류

100km 너머에 고개를 잠깐 내밀었다가 돌아오는 여행을 '서브 오비탈(Sub orbital)'이라고 한다. 우주정거장이나 인공위성처럼 계

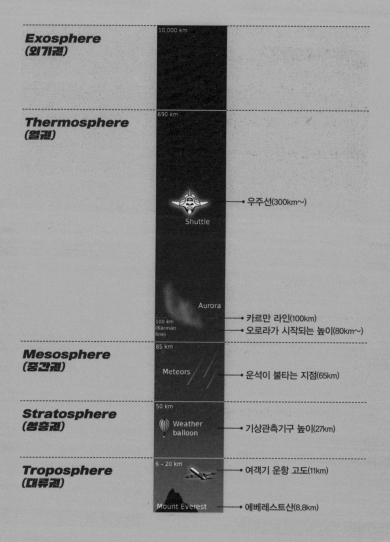

Exosphere
(외기권)

Thermosphere
(열권)

Mesosphere
(중간권)

Stratosphere
(성층권)

Troposphere
(대류권)

10,000 km

690 km

Shuttle

Aurora

100 km
(Kármán
line)

85 km

Meteors

50 km

Weather
balloon

6 - 20 km

Mount Everest

• 우주선(300km~)

• 카르만 라인(100km)
• 오로라가 시작되는 높이(80km~)

• 운석이 불타는 지점(65km)

• 기상관측기구 높이(27km)

• 여객기 운항 고도(11km)

• 에베레스트산(8.8km)

우주선 창밖으로 보이는 미르 우주정거장. 지구가 한눈에 들어오지 않는다.

속 지구를 빙빙 돌며 추락하지 않는 것은 '오비탈(Orbital)'이다. 서브 오비탈은 그대로 상승했다가 10여 분 만에 내려오지만, 오비 탈은 더 높은 고도에서 수평으로 무려 초속 8km까지 가속해서 지 구를 계속 돈다.

민간 우주여행은 서브 오비탈부터 시작된다. 작은 우주선을 타 고 몇 분간 무중력을 체험할 수 있다. 본격적인 우주여행은 아무래 도 오비탈이 되어야 하지만, 비용이 서브 오비탈보다 100배 이상 비쌀 듯하다.

최초로 돈을 내고 국제우주정거장을 다녀오는 우주여행을 했던 사람은 2001년 미국의 사업가 데니스 티토로 자세한 비용은 밝히 지 않았지만 2,000만 달러(200억 원 이상)를 냈다고 알려져 있다.

정기적인 상업 서브 오비탈 여행은 2020년부터 시작될 예정이 며, 그 비용은 대략 2~3억 원대로 알려져 있다.

이 책은 짧으면 10여 년 뒤에 시작될 상업 오비탈 우주여행을 다 룬다.

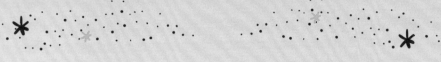

우주여행의 역사

인류가 우주여행을 시작한 지 57년이 지났다. 1961년 4월, 유리 가가린이 최초로 우주에 나갔고, 1969년 7월에는 닐 암스트롱이 달에 첫발을 내디뎠다. 2018년까지 공식적으로 우주에 다녀온 사람은 모두 558명에 불과하다.

최초의 여성 우주비행사는 1963년 우주로 날아간 소련의 발렌티나 테레시코바였다. 미국은 1983년에야 샐리 라이드를 우주로 보냈다. 우리나라는 2008년 이소연 박사가 국제우주정거장에서 11일간 머물렀다. 역사상 마흔아홉 번째 여성 우주비행사였다.

우주 관련 최고, 최초 기록은 다양하다.

우주에서 연속으로 가장 오래 머물렀던 사람은 미르 우주정거장에 탑승했던 러시아인 발레리 폴랴코프로 438일간 우주에 체류했다. 러시아 우주비행사 겐나디 파달카는 총 다섯 차례의 우주비행을 통해 생애 통산 879일을 우주에서 지내는 신기록을 세웠다.

러시아의 세르게이 크리칼레프는 모두 여섯 번의 우주비행에 748일을 우주에서 보냈다. 2년이 넘는 기간이다. 그리고 우주정거

아폴로 11호의 달 착륙에서 가장 유명한 사진으로 주인공은 버즈 올드린이다. 헬멧 바이저에 닐 암스트롱의 모습도 반사되어 보이도록 촬영했다. 올드린은 달에서의 첫발을 암스트롱에 양보한 대신, 첫 사진의 모델이 되었다.

장에 있는 동안 소련이 해체되어 러시아연방으로 바뀌는 바람에 우주에서 국적이 바뀐 사람이 됐다.

우주호텔의 구조, 높이와 궤도

여기 나오는 우주호텔은 30m 길이의 길쭉한 구조물 두 개를 십자로 겹쳐놨고, 풍선처럼 부풀린 내부공간은 폭이 7m에 불과하다. 이곳에 30명 남짓한 여행자와 승무원이 거주한다.

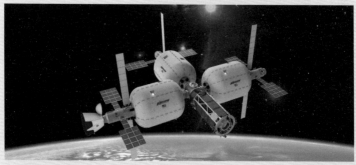

우주호텔 상상도 〈Photo: Bigelow Aerospace〉

앞에서도 이야기한 대로 우주호텔은 400km 고도에서 남위 50
도~북위 50도를 오가며 하루에 지구를 15.6회 돈다.

지구에서 우주선을 타고 발사되면 우주에 나가기까지는 대략
10여 분, 이후 우주호텔에 도착하기까지는 대여섯 시간이 걸린다.
지구를 몇 바퀴 돌면서 서서히 접근하기 때문이다.

우주여행 전
건강검진과 사전훈련

우주여행을 가려면 건강검진부터 통과해야 한다. 뇌혈관, 심혈
관에 문제가 있는 사람은 우주여행을 할 수 없다. 숙달된 조종사는
높은 가속도를 G-슈트(전투기를 타고 비행할 때 복부와 대퇴부를 압박
해서 피가 하체로 쏠리는 것을 막아주는 장비)의 도움 없이도 어느 정
도 견딜 수 있다. 특별한 호흡법으로 온몸의 근육을 경직시켜 혈액
순환을 잠시 억제하는 것이 비결이다. 그러나 이런 행위는 혈관 장
애가 있는 사람에게는 치명적이다.

건강검진을 통과해도 바로 떠날 수 있는 것은 아니다. 적어도 서

너 달 합숙 훈련을 거치면서 무중력 우주 생활에 필요한 다양한 교육을 받아야 한다.

하지만 우주호텔에만 가는 여행자는 이런 엄격한 기준을 다 따르지 않는 것으로 했다. 아무래도 여행지의 특수성 때문에 아예 교육을 받지 않을 수는 없지만 기술의 발달로 인해 기본 적응 훈련만 마치면 되는 것으로 가정했다.

무중력 체험:
Zero-G

높은 고도에서 비행기로 급상승했다가 낙하하거나, 위성궤도를 돌게 되면 중력가속도를 느낄 수 없다. 아직 지구의 중력에 잡혀 있음에도 '무중력 효과(Zero-G)'를 얻게 된다.

이런 Zero-G 체험상품은 이미 러시아, 미국, 일본 등지에서 인기리에 판매 중이다. 500만 원에서 1,000만 원 정도의 비용으로 20초 동안의 짧은 무중력 체험을 10여 차례 반복할 수 있다. 서브오비탈 우주여행 상품에서는 한 번의 무중력 체험을 3분가량 즐길

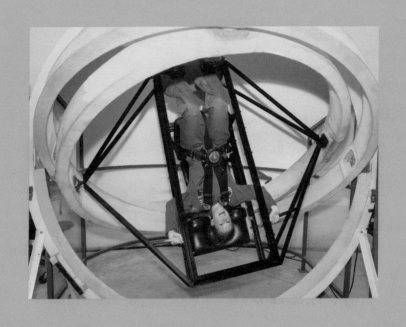

우주비행사 훈련 모습. 위아래가 뒤바뀌는 무중력 상태는 우주멀미를 일으킨다.

Zero-G 체험 모습 〈Photo: Air Zero G〉

수 있다. 아예 오비탈 여행을 떠나면 그 시간이 무한정 늘어난다.

우주 예술과
스포츠

우주여행은 새로운 예술과 스포츠를 탄생시킬지도 모른다. 지구
의 중력은 지금껏 우리의 몸뿐만 아니라 상상력도 붙잡고 있었다.

우주호텔에서 야구나 축구, 테니스를 한다면 어떨까? 〈해리 포

무중력에서 바이올린을 연주하면 어떨까?

터〉 시리즈에 나오는 공중 공놀이 퀴디치 비슷한 스포츠도 가능해

지지 않을까?

지구를
한눈에 보려면

지구의 지름은 무려 1만 2,000km다. 우주호텔이 있는 400km

높이라 해도 지표면에 가까워 지구 전체를 볼 수 없고 적어도

우주에서 지구를 바라보면 꼭 파란색 구슬 같아서 '블루 마블'이라 부른다.

2,000km 이상으로 올라가야 한다. 하지만 이 높이에서도 지구는 아이맥스 화면처럼 펼쳐져서 시야에 담기 벅차다. 여유롭게 지구를 감상하려면 1만 km는 떨어져야 한다.

푸른 빛 둥근 지구를 봤던 지구인은 여태껏 단 24명뿐이다. 아폴로 우주선을 타고 달에 갔던 우주비행사들만이 블루 마블을 감상했다.

최초의 우주 탐험견, 라이카

1957년 11월에 우주로 떠났던 라이카는 모스크바의 거리를 배회하던 유기견이었다. 소련 과학자들은 굶주림과 극한의 기온에서 적응력이 좋다는 점에 착안하여 유기견을 붙잡아 우주로 보내기로 했다.

라이카는 다른 개들과 함께 좁은 곳에서 자고 일정한 시간에 식사하도록 훈련받은 뒤 스푸트니크 2호 내부에 묶인 채로 발사되었다. 서거나 앉고 누울 수 있었지만, 뒤돌아설 수는 없는 상태였다. 발사한 뒤에 심박수는 분당 240회로 두 배, 호흡은 거의 네 배 빨라졌고, 냉각장치의 결함으로 실내 온도가 40도까지 올라갔다. 라이카는 우주에 도달해서 차츰 정상 맥박을 회복했으나, 5~7시간 후에 죽은 것으로 추정된다. 당시 우주선 내에는 일주일간 먹을 수 있는 젤라틴 식품이 저장되어 있었다.

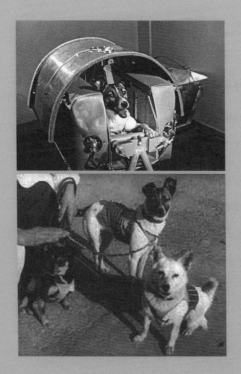

▲ 라이카가 탑승한 캡슐은 작은 유리창이 달린 뚜껑으로 밀봉했지만, 외벽으로 둘러싸여서 바깥을 볼 수 없었다.

▼ 라이카 이외에 다른 두 마리의 개(알비나, 무시카)도 함께 훈련을 받았다. 그중 성격이 온순한 라이카가 최종 선택되었고 알비나는 백업, 무시카는 통제견 역할을 맡았다. 라이카는 떠나기 전날에 한 과학자가 아이들과 놀도록 집으로 데려가서 마지막 자유를 즐겼다. (좌측부터) 무시카, 라이카, 알비나

방사능으로
가득 찬 우주

우주는 태양에서 불어오는 온갖 방사능으로 가득 찬 공간이다. 다행히 지구는 커다란 자기장이 보호해줘서 방사능으로부터 안전하다. 하지만 자기장이 모든 방사능을 튕겨내지는 못한다. 일부는 자기장에 갇혀서 지구 주변을 감싸게 된다.

그래서 1,000~6,000km 높이에는 '밴앨런대(Van Allen Belt)'라는 사과처럼 생긴 방사능 구역이 존재한다. 여기에는 바깥쪽에 전자, 안쪽에 양성자가 주로 모여 있다. 지구의 북극과 남극 자기장에는 구멍이 뚫려 있는데 이곳으로 양성자가 흘러가 오로라를 만들곤 한다.

우주정거장이 400km 정도의 고도에 머무는 또 하나의 이유가여기 있다. 낮은 고도에서는 대기마찰로 수명이 짧아지고, 높이 올라가면 방사능 수치가 증가해 위험해지기 때문이다.

아폴로 우주선을 탔던 우주비행사들은 방사능의 위협에 고스란히 노출되었다. 당시에는 무조건 소련을 이겨야 한다는 강박관념 때문에 위험성은 거론되지도 않았다. 다행히 별 탈 없이 다녀왔

지만, 지금 기준으로 생각하면 미친 짓에 가까웠다. 앞으로 인간이 먼 우주에 가거나, 자기장이 없는 달과 화성에 살기 위해서는 방사능 문제가 큰 걸림돌이다.

최초로 우주에 다녀온 사람

교과서에는 '유리 가가린'이라고 나온다. 물론 가가린이 1961년 4월 12일, 보스토크 1호를 타고 최초로 우주에 다녀온 것은 맞지

최초의 우주비행사, 유리 가가린

만, 논쟁의 여지도 있다. 당시 국제항공연맹은 우주비행의 성공 기준으로 '우주비행사가 우주선에 탑승한 채 땅에 착륙해야 한다'라고 정해놓았다. 미국과 소련이 서로 경쟁하면서 다툴 여지가 컸기에 아예 조건을 명시한 셈이다.

그러나 가가린은 우주선이 너무 빠르게 지상에 추락할지 몰라서 어느 정도 고도가 낮아졌을 때 낙하산을 메고 뛰어내렸다. 그는 우주에 처음 다녀온 사람이면서, 우주비행과 스카이다이빙을 동시에 즐긴 최초의 인물이다(그 뒤로 5명이 그렇게 뛰어내렸다).

훗날 이 사실을 알게 된 미국조차도 유리 가가린이 첫 우주비행사라는 것을 마지못해 인정하고 있다. 조금 열받지만 어쩌랴.

무사 귀환을 기원하는 의식

소련의 모든 우주비행사는 우주선으로 향하는 버스를 타고 가다가 잠깐 멈춰서 타이어에 방뇨하는 의식을 치렀다. 이는 첫 우주비행사인 가가린이 갑작스런 생리작용으로 어쩔 수 없이 내려서

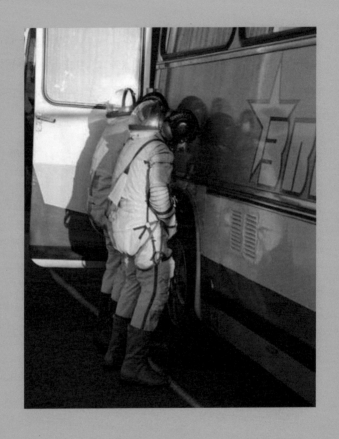

지금도 이어지고 있는 러시아 우주비행사들의 전통

실례를 했던 일화에서 유래한다.

하지만 육중한 우주복을 입고 볼일을 보는 것은 매우 힘들며, 여성의 경우는 난처하기까지 하다. 그래서 생수병의 물을 타이어에 뿌리는 것으로 의식을 조촐하게 대신하기도 한다.

냉전 당시에는 소련 우주비행사들만의 고유 의식이었으나, 지금은 러시아 우주선을 타고 우주로 가는 전 세계 여러 우주비행사가 대부분 따라 하는 보편적 의식이 되었다. 이런 훌륭한 전통에 동참해야 할 것 같은 느낌이 들지 않는가? 케케묵은 미신이니까 안 해도 그만.

가가린이 남긴 풍습은 한 가지 더 있다. 그가 탄 로켓이 이륙하자 처음 내뱉은 말이 "빠예할리(러시아어로 '가자')"였고, 이후 많은 우주비행사가 따라 했다.

스페이스 다이빙

만약 불의의 사고로 우주선에서 뛰어내려야 한다면 어떻게 될까? 보통 스카이다이빙은 4km 미만의 고도에서 낙하산을 메고 뛰어내린다. 산소마스크를 쓰고 고공에서 뛰어내리는 경우도 8km 미만인 경우가 대부분이다. 우주선은 이륙하고 1분 남짓에 10km 고도를 돌파하며, 2분쯤 지나면 30~40km 높이에 도달한다. 이륙하고 곧바로 탈출한다면 모를까, 10km가 넘는 고도에서 낙하산으로 탈출하는 것은 상상하기 어렵다.

2012년, '펠릭스 바움가르트너'라는 오스트리아인이 39km 고도에서 스카이다이빙에 성공한 사례가 있었다. 이 기록을 기네스 세계 신기록에도 등재되었다.

그는 매우 경험이 풍부하고 노련한 스카이다이버였다. 성층권은 진공에 가까워서 여압복 없이는 숨을 쉴 수가 없었고, 영하 50도가 넘는 추위에 견디기 위한 보온 대책도 필요했다. 펠릭스는 3km 고도에서 낙하산을 펼치기 직전까지 4분 20초 동안 36km의 높이를 추락한 셈이다.

성층권 스카이다이빙 시에 가장 위험한 문제는 균형을 잃고 회전하는 것이다. 이는 탈수기처럼 사람을 짓이겨놓을 수 있다.

우주로 가는 길목에서 직접 낙하산을 메고 뛰어내린다면 발사

직후 1분 이내에만 가능하다. 아마도 간단한 훈련만 받은 일반인이라면 뛰어내리자마자 정신을 잃을 것이다.

사람이 맨몸으로 우주에 나가면

오래전, 우주비행사들이 진공 실험실에서 훈련을 받던 도중 사고로 우주복이 찢겨나간 일이 있었다. 다행히 15초간의 진공 상태에서도 의식을 잃지 않았고, 곧바로 실험실을 정상 기압으로 올려서 무사할 수 있었다. 동물 실험으로도 우주 공간과 유사한 상황에서 잠깐 의식을 유지할 수 있는 것이 확인됐지만, 그 시간은 너무 짧았다.

개와 침팬지 실험에서는 10~15초간 의식을 유지, 이후 의식을 잃고 30~60초 사이에 심장박동이 급격히 느려지며 혈액 순환이 점차 멈췄다. 최대 90초간 생존 가능성은 있지만, 구출과 동시에 응급조치를 받지 못하면 영구적인 손상을 입게 된다. 대체로 60초간 진공에 무방비로 노출되면 생명에 큰 위협을 받는다.

진짜 우주에서는 이보다 더 상황이 나쁘다. 햇빛에 직접 노출된 피부는 화상을 입고, 폐 속의 공기를 재빨리 내뿜지 않으면 팽창해서 영구적인 손상을 입는다. 가장 치명적인 점은 우주에서는 남의 도움을 받기 어렵다는 것이다. 설령 팀을 이뤘더라도 우주복이 손상되어 공기가 빠르게 새어나가면 동료가 도와줄 시간이 별로 없다. 모든 조치는 30~60초 이내에 이뤄져야 한다.

우주복이나 우주선의 산소가 부족해지면 질식사할까? 사실은 이전에 이산화탄소 중독으로 죽는다. 아직 산소가 남아 있더라도, 사람이 호흡하면서 내뿜는 이산화탄소 농도가 급격히 높아진다. 아폴로 13호가 사고를 당했을 때 가장 큰 어려움이 바로 이산화탄소였다. 공기정화 장치가 고장 나서 우주비행사들은 자신들이 내뿜는 이산화탄소에 중독될 뻔했다.

최초로
우주 유영을 했던 사람

처음 우주를 걸었던 사람은 소련의 '알렉세이 레오노프'였다.

우주 유영

1965년에 그는 에어쿠션으로 둘러싸인 에어록을 통해 우주에 나갔다. 하지만 돌아오려 할 때 문제에 직면했다. 우주복이 압력 때문에 팽팽하게 부풀어 에어쿠션에 끼어서 들어갈 수 없었다. 한참 동안 사투를 벌이다가 스스로 우주복 내부의 공기를 뺐다. 홀쭉해진 몸으로 겨우 우주선에 들어갔지만 제대로 감압을 거치지 않아 고생했다. 다행히 살아남았고 심지어 한겨울 시베리아 오지에 불시착해서도 무사히 구조되었다.

레오노프는 억세게 운이 좋은 사람이었다. 1971년에는 체육복을 입고 '소유즈 11호'에 탈 뻔했지만 같은 팀 동료가 의사의 오진으로 부적합 판정을 받아 덩달아 못 타게 되었다. 대신 다른 팀이 갔다가 귀환 도중에 모두 질식사하는 참변을 당했다.

우주복의 가격

우주복 개발에는 천문학적인 비용이 들어간다. 고작 수십, 수백 벌의 옷을 만들기 위한 것이기에 한 벌당 가격은 터무니없이 비싸진다. 우주비행사 이소연 씨가 입었던 선내 우주복은 한 벌에 1억 원이 넘었다고 한다. 해외 수집가들 사이에서는 훈련에만 썼던 중 고품이 4,000~6,000만 원 수준에서 거래된다.

우주 유영복은 훨씬 비싸서 한 벌에 150~170억 원이고, 열 번 정도 입으면 버려야 한다.

우주에서 성행위가 있었을까

'스페이스 섹스(Sex in space)'는 예전부터 많은 이의 관심사였다. 공식적으로 우주에서 사람이 섹스를 경험한 일은 없다고 한다. 미국과 러시아 등의 수많은 우주비행사는 임무에 충실했기에 육체적인 유혹에 빠질 틈이 없었단다. 물론 우주로 간 사람 중 여성의 숫자도 적었고, 여러 남성 틈에서 단둘만의 공간을 만들기도 어렵다.

우주선은 내부공간이 매우 좁다. 그런 곳에 3명 이상의 우주비행사가 탑승하는데, 여성은 아예 없거나 1명뿐인 경우가 대부분이었다. 반면에 미국의 우주왕복선은 7명이 탑승했고 내부도 약간 넓은 편이라서 가능성이 조금 있었지만, 나사(NASA)는 결코 그런 일이 없었다고 부인한다.

우주비행사들은 여건상 우주선보다는 우주정거장이 그나마 가능성이 있을 거라 말한다. 아무래도 공간과 시간적 여유가 있는 우주정거장이 그나마 자연스러운 데이트 장소로 적격이다. 러시아의 우주정거장에는 단 1명의 여성이 다녀왔지만, 아무 일이 없었다고 주장한다.

국제우주정거장은 생각보다 넓고, 은밀한 유희를 즐길 공간도 있는 편이라고 한다. 우주정거장에서는 휴일과 주말에 여가를 즐길 자유 시간도 있다. 하지만 여전히 남성이 대부분이고, 다른 이의 눈길을 피해 섹스를 시도하기에는 조금 어색한 곳이다.

위험한 가속도

로켓이 지상에서 출발할 때 연료 무게는 80%가 넘는다. 그러나

날아가면서 몇 분 만에 연료를 모두 태워버리고, 추진력은 여전해서 점점 가속도가 붙는다.

무인 로켓은 상관없지만, 사람이 타는 로켓은 너무 속도가 빠르면 위험하다. 우주로 나갈 때는 몇 분가량 속도가 계속 빨라지고, 잠시나마 3g에 이르는 가속도를 느끼게 된다. 거의 모든 우주선은 우주에 도달하기까지 고작 10분 남짓 걸린다. 그 뒤로는 엔진이 꺼지고 무중력을 느낀다.

지구로 돌아올 때가 더 힘들다. 중력 때문에 차츰 빠르게 추락하다가 대기에 부딪히면서 속도가 마구 줄어든다. 서브 오비탈에서 돌아올 때는 최대 4g의 가속도를 겪는다. 오비탈 우주선은 가뿐하게 4~5g를 넘기지만, 심할 경우는 8g를 넘어서기도 한다. 일반인은 기껏해야 3g 정도의 가속도에서도 오래 버티기 어렵다.

빠르게 낙하하면 가속도 때문에 위험해서 사람이 탄 우주선은 일부러 활공하듯 천천히 내려온다. 지구 대기권에 재진입하면 20~30분 걸려서야 지상에 내려올 수 있다.

임신

생쥐를 이용한 무중력 실험 결과, 우주에서의 임신은 어려울 것이라고 한다. 실험이 폭넓게 진행된 것은 아니지만, 포유류의 무중력 수정은 아직 보고되지 않았다. 또 수정되더라도 태아의 골격 형성에 문제가 발생할 가능성이 크다. 태아 골격이 무중력에서는 기형으로 자랄지 모른다.

저중력에서의 임신은 또 다른 차원이다. 앞으로 달이나 화성에서 장기 거주하는 사람들의 임신 가능성은 중요한 문제다. 이에 대해서 과학자와 의사들은 이미 많은 연구를 해왔는데, 역시나 결과가 좋지 못했다.

달의 중력은 지구의 1/6 수준이고 화성은 그나마 달보다 중력이 두 배 크지만, 불안하긴 마찬가지다. 영화 〈스페이스 비트윈 어스〉

에서는 화성에서 태어난 아이가 지구로 와서 겪는 고충을 묘사했다. 현실에서는 영화와 달리 태어날 때부터 문제가 발생할지 모른다. 여성 우주비행사들은 생리 현상으로 임무에 지장받는 것을 막기 위해 피임약을 복용하곤 한다. 물론 예기치 않은 임신에 대비한 것은 아니다.

지금은 부재중입니다
지구를 떠났거든요

초판 1쇄 발행 2018년 11월 20일
초판 4쇄 발행 2023년 3월 30일

지은이 심창섭
그린이 박지연
펴낸이 이범상
펴낸곳 (주)비전비엔피·애플북스

기획 편집 이경원 차재호 김승희 김연희 고연경 박성아 최유진 김태은 박승연
디자인 최원영 한우리 이설
마케팅 이성호 이병준
전자책 김성화 김희정
관리 이다정

주소 우) 04034 서울특별시 마포구 잔다리로7길 12 (서교동)
전화 02)338-2411 | **팩스** 02)338-2413
홈페이지 www.visionbp.co.kr
이메일 visioncorea@naver.com
원고투고 editor@visionbp.co.kr
인스타그램 www.instagram.com/visionbnp
포스트 post.naver.com/visioncorea

등록번호 제313-2007-000012호
ISBN 979-11-86639-84-9 03440

·값은 뒤표지에 있습니다.
·잘못된 책은 구입하신 서점에서 바꿔드립니다.

도서에 대한 소식과 콘텐츠를
받아보고 싶으신가요?